本书为国家社科基金重大项目
“构建具有全球竞争力的人才制度体系研究”（项目批准号：20ZDA107）
子课题“以创新能力为导向的青年人才发展治理研究”的研究成果

刘长军　等著

何以创新

以创新能力为导向的青年人才发展治理研究

中国社会科学出版社

图书在版编目（CIP）数据

何以创新：以创新能力为导向的青年人才发展治理研究 / 刘长军等著.
—北京：中国社会科学出版社，2023. 1
ISBN 978 - 7 - 5227 - 1223 - 9

Ⅰ. ①何… Ⅱ. ①刘… Ⅲ. ①青年—技术人才—人才政策—研究
Ⅳ. ①G316

中国国家版本馆 CIP 数据核字（2023）第 018881 号

出 版 人 赵剑英
责任编辑 刘亚楠
责任校对 张爱华
责任印制 张雪娇

出 版 中国社会科学出版社
社 址 北京鼓楼西大街甲 158 号
邮 编 100720
网 址 http://www.csspw.cn
发 行 部 010 - 84083685
门 市 部 010 - 84029450
经 销 新华书店及其他书店

印刷装订 北京市十月印刷有限公司
版 次 2023 年 1 月第 1 版
印 次 2023 年 1 月第 1 次印刷

开 本 710 × 1000 1/16
印 张 13
插 页 2
字 数 200 千字
定 价 88.00 元

前　言

国以才立、政以才治、业以才兴。青年人才是人才队伍的中坚后备力量。青年人才发展治理关系着整个人才队伍建设的成败。党的十九大报告指出："青年兴则国家兴，青年强则国家强。青年一代有理想、有本领、有担当，国家就有前途，民族就有希望。中国梦是历史的、现实的，也是未来的；是我们这一代的，更是青年一代的。中华民族伟大复兴的中国梦终将在一代代青年的接力奋斗中变为现实。"

习近平总书记指出，"知识就是力量，人才就是未来。我国要在科技创新方面走在世界前列，必须在创新实践中发现人才、在创新活动中培育人才、在创新事业中凝聚人才，必须大力培养造就规模宏大、结构合理、素质优良的创新型科技人才"①。创新是一个民族进步的灵魂，是一个国家兴旺发达的不竭动力。在科技创新越来越占据经济社会发展主导地位的当下，拥有科技创新优势即占领着国际竞争的制高点。国家间竞争靠创新，创新发展靠人才，以创新能力为导向成为人才发展治理的必然趋势。面对日趋激烈的国际竞争环境，加快推进以创新能力为导向的青年人才发展治理，是深入实施国家人才强国战略和创新驱动发展战略的重要着力点，是有效发挥人才推动国家治理体系和治理能力现代化的必然选择，是实现中华民族伟大复兴中国梦的重要支撑。

2020年10月，党的十九届五中全会指出"坚持创新在我国现代化建设全局中的核心地位，把科技自立自强作为国家发展的战略支撑，面向世界科技前沿、面向经济主战场、面向国家重大需求、面向人民生命

---

① 习近平：《习近平谈治国理政》（第一卷），外文出版社2018年版，第127页。

健康，深入实施科教兴国战略、人才强国战略、创新驱动发展战略，完善国家创新体系，加快建设科技强国。要强化国家战略科技力量，提升企业技术创新能力，激发人才创新活力，完善科技创新体制机制”，在战略层面为以创新能力为导向的青年人才发展治理指明了方向。2021 年 9 月，习近平总书记在中央人才工作会议上指出，“要把培育国家战略人才力量的政策重心放在青年科技人才上，给予青年人才更多的信任、更好的帮助、更有力的支持，支持青年人才挑大梁、当主角”①。新时代的人才发展治理既是在习近平新时代中国特色社会主义思想指导下的实践，也是贯彻落实习近平新时代中国特色社会主义思想关于人才方面的具体呈现。

党的十八大以来，我国青年人才发展治理取得了显著成效，青年人才数量和质量均得到了显著提升，青年人才发展治理迈入新阶段。然而，青年人才发展依旧面临与国家治理体系和治理能力现代化的现实要求存在差距，青年人才创新能力和国际竞争力有待提升，青年人才发展生态有待优化等问题。为更好地推动青年人才发展治理取得新的突破，仍然需要持续结合时代要求和现实需要加以优化提升。

本书共分为六章。第一章为创新能力和青年人才发展治理，分析人才发展治理的基本内涵，以创新能力为导向的青年人才发展治理的基本要素，以及青年人才发展治理的一般规律，以期说明以创新能力为导向的青年人才发展治理的基本概貌。第二章从宏观、中观、微观三个层面分析了青年人才发展治理的相关理论，为全面分析以创新能力为导向的青年人才发展治理做好理论铺垫。第三章系统梳理了青年人才发展治理的历史沿革、面临问题、以及青年人才创新能力培养的现状，从历史和现实的维度分析青年人才发展治理的现实境况。第四章根据青年人才发展环境打造、评价激励、政策引导、行业治理、人才吸引等环节，梳理了国内外的典型案例，以期为创新能力为导向的青年人才发展治理提供借鉴。第五章综合理论和现实分析，以及问卷调查数据，分析了以创新

① 习近平：《深入实施新时代人才强国战略，加快建设世界重要人才中心和创新高地》，《求是》2021 年第 24 期。

能力为导向的青年人才发展治理的宏观生态、中观管理、微观个体环境的影响因素。第六章从治理基本原则、治理路径、治理体系构建三个方面，提出未来以创新能力为导向的青年人才发展治理的思路方法。

目录

第一章 创新能力与青年人才发展治理

青年人才发展治理兼具理论性、现实性和动态性。结合新的时代背景，从理论和现实的双重维度明确人才、人才发展和人才发展治理的相关概念与内涵，分析人才发展治理，特别是青年人才发展治理中以创新能力为导向的理论和现实价值具有必要性。在此基础上，寻找青年人才发展治理与创新能力的契合之处，系统分析创新能力的内涵、要素与特征，厘清以创新能力为导向的青年人才发展治理目标、过程和一般规律是开展以创新能力为导向的青年人才发展治理的基本前提。

第一节 人才发展治理基本内涵

人才是马克思主义理论、管理学、经济学、社会学、心理学等学科研究的重要对象。各个学科基于不同的研究视角，从不同维度对人才进行阐释和分析。马克思主义理论对人才的研究主要着重于对党中央的人才工作思想、人才政策、人才建设、人才价值观等方面的解读。社会学着力于研究人才的社会状态，分析人才社会流动；心理学主要研究心理状态，分析人才的心理状态等方面。尽管各个学科对人才分析的视角有所差异，但关于人才发展治理的基本内涵主要可以分为三个层面：一是人才和人才发展的基本概念，包括人才、人才的内涵与外延、人才的类别与特征、人才发展的基本要素；二是人才发展治理的基本内涵；三是人才发展治理的价值与意义。

一 何为人才和人才发展

由于人才涉及领域众多，且具有复杂性、阶段性、时代性，在不同的社会环境、时代背景和社会需要的背景下，人才通常具有不同的内涵。在理论研究和人才治理的实践中对人才并不直接界定，而往往采用一种不证自明的方式进行笼统说明，仅有少部分文献对人才进行了阐释。根据中共中央国务院 2010 年印发的《国家中长期人才发展规划纲要（2010—2020 年）》序言指出，“人才是指具有一定的专业知识或专门技能，进行创造性劳动并对社会作出贡献的人，是人力资源中能力和素质较高的劳动者。人才是我国经济社会发展的第一资源”。在具体实践中，人才具有广义和狭义之分。广义上的人才通常是指在某一领域能够发挥作用，或者具有发挥作用潜能的群体或个人。狭义上的人才主要是指在某一领域能够发挥较大作用或者具有发挥较大作用潜能，并且具有一定专长的群体或者个人。

在什么是人才的基础上，人才根据不同维度被划分为不同的类型。2002 年中共中央出台的《2002—2005 年全国人才队伍建设规划纲要》，就以从事领域为标准划分，重点建设党政人才、企业经营管理人才、专业技术人才。党政人才队伍重点建设党政领导人才队伍和党政机关人才，前者主要是指党政领导人才，后者主要是指党政机关的中层及以下的人才。企业经营管理人才主要包括优秀企业家、企业管理人才和职业经理人。专业技术人才建设重点包括了优秀的学科带头人、青年科技人才、社会化专业技术人才。2010 年印发的《国家中长期人才发展规划纲要（2010—2020 年）》对人才的类别开展了进一步拓展和细分。在统筹推进各类人才队伍建设部分，提出在重点建设已有党政人才、企业经营管理人才、专业技术人才队伍的基础上，补充高技能人才队伍、农村实用人才队伍、社会工作人才队伍三大类别。此外，为了更好地推动专项人才的建设，进一步细分出不同的人才类别，提出了实施创新人才计划、青年英才计划、企业经营管理人才素质提升工程、高素质教育人才培养工程、文化名家工程、全民健康卫生保障人才工程、海外高层次人才引进计划、专业技术人才知识更新工程、国家高技能人才振兴计划、现代农业人才支撑计划、边远贫困地区、边疆民族地区和革命老区人才支持计划、高校毕业生基层培养计划等重大人才工程。

在人才的具体研究中，为了更好地分析专门领域的人才问题，学者们对具体类别的人才通常会对其进行相对明确的类型分析。从人才的年龄段划分，有青年人才、中年人才、老年人才等；从人才从事的行业划分，具有党政管理人才、企业经营管理人才、社会工作人才、科技人才等；从人才的特征划分，具有创新型人才、应用型人才、理论研究型人才、经营管理型人才等；从人才所在单位或者部门类别划分，有企业人才、高校人才、党政部门人才等；从人才的层次划分，有高层次人才、中端人才、普通人才等。也有将多个标准混合起来对人才进行细分，例如，高校青年人才、创新型应用人才、农业科技应用人才等。其中，具有典型性的专门类别的人才概念内涵研究主要集中于创新型人才、青年人才、科技人才。

创新型人才概念建构在创新的基础之上，强调人才的创新特性和创新能力。然而，具体什么是创新型人才，学术界依旧众说纷纭。其中具有代表性的观点有：创新型人才是具有创造能力，能够提出问题、解决问题、开创事业新局面、对社会具有创造性贡献的人。基础理论坚实、科学知识丰富、治学方法严谨、勇于探索、愿意为真理献身、具有高尚道德和情感是其基本特质；创新型人才是能够提出新技术、新工艺、新产品，具有创新思维和创新能力的人才，是善于发现新问题、分析新问题和解决新问题的人才。创新型人才通常具有思维的创造性、人格的创新性和自由独立性、贡献的巨大性、劳动过程的创新性、劳动成果的创造性、知识和经验的广博性和专一性，本身的稀缺性、创新领域的普遍性和多样性等方面的特征。①

在创新型人才的基础上，部分研究者进一步将其延展细分到了应用型创新人才。应用型创新人才的提出来源于经济社会发展中对应用型人才的巨大需求。随着经济社会发展中各行各业对专业性、应用性、知识性、集约性需求的极速增长，单纯的学理性创新已不再适合经济发展的

① 梁拴荣、贾宏燕：《创新型人才概念内涵新探》，《生产力研究》2011 年第 10 期。

现实需要。经济社会的发展、知识的不断积累和科技的快速进步，既要求人才具有理论的创新水平，同时还需要具有应用的创新能力。应用型创新人才则把技能和知识合二为一。应用型创新人才是指在经济结构转型和产业升级过程中，能够担当大任，为推动社会发展进步和做出突破性贡献的创新型人才。交叉的知识结构、精深的专业技术能力、强烈的社会责任感、富于批判精神和创新意识是应用型创新人才的基本表征。[①]

青年人才是根据相对年龄阶段划分的又一细分人才概念。青年人才主要是指人力资源中能力和素质较高的青年骨干。《中长期青年发展规划（2016—2025年）》指出，重点培养和发展青年党政人才、青年企业经营管理人才、青年专业技术人才、青年高技能人才、青年农村实用人才、青年社会工作人才。这为青年人才分类别发展提供了明确的方向。青年党政人才主要包括列入公务员法管理范围或者参照公务员法管理的在各级党政机关、人民团体、群众团体等机构担任公职，从事党务和行政管理工作的青年；青年企业经营管理人才是企业生产经营活动中能够直接领导和推动生产要素组合、创造社会财富的组织者，是国家、地区和企业创新创业、推动发展的重要人力资源，主要包括青年企业家、青年创业者、青年企业经营管理者；青年专业技术人才是指通过专业技术训练，掌握某方面专业技术知识，熟悉相关技术并具有自主创新能力的青年，主要包括从事科学研究、工程技术、理论研究等方面的人才；青年高技能人才主要是具有比较高超技艺、能够进行创造性劳动、对社会做出贡献的人，主要包括高级技术工人、技师等；青年农村实用人才是指具有一定知识和技能，能够为农村经济、科技、教育、文化、卫生等各项事业发展做出更大贡献的农村劳动者，包括农村经纪人、能工巧匠等；青年社会工作人才主要是指具有一定社会工作专业知识技能，能够在社会福利、社会救助、社区建设等方面提供相对专业服务的人才。[②]

青年人才还可以根据人才的特征进行更多的类别划分，具有典型性的主要有青年创新型人才、青年科技人才、青年拔尖人才、青年高层次

---

① 车如山、季红波：《应用型创新人才之概念解析》，《高校教育管理》2015年第1期。

② 何士凤、刘俊彦：《中国青年人才发展状况研究报告》，《中国青年研究》2018年第11期。

人才、高校青年人才等。青年创新型人才主要是指在各行各业具有较强自主创新能力，能够通过理论、技术、制度、管理等方面的创新，为所在行业做出较大贡献的人。青年科技人才即从事研究、技术发展等方面科技工作的青年人才。青年拔尖人才主要是指在各领域能够独当一面，自主创新、管理协调等方面能力突出，做出突出贡献的青年人才。青年高层次人才更多是指具有高学历、经过深入系统的专业训练，具有较强创新能力、发展潜力的青年人才。高校青年人才主要是指在高校工作的青年人才，特别是教学研究人才。尽管青年人才具有不同的类别，不同类别中对青年人才的特质和要求各有侧重，但是青年人才也具有系列典型的共同特征。

一是青年人才创新能力普遍较强。青年人才往往思维活跃、精力旺盛、敢想敢干、批判意识强、勇于探索和创新，对新兴事物具有更加强烈的求知与探索的冲动和想法。青年人才通过知识的积累和专业的训练，既具备一定创新创造的专业基础和思维，又不易受到传统的过多束缚。因此，青年人才通常能够具备较强的创新创造能力，呈现出创新能力较强的特征。

二是青年人才是各行各业的重要支撑和后备力量。青年人才是国家各项事业发展的重要力量，是未来党和人民各项事业的主力军。大部分青年人才往往处于参加工作了一段时间，具备一定的工作经验，能够熟练掌握所在岗位需要的技能的状态。青年人才既具备承担重要工作的能力，又具有较强的适应性。承担行业和岗位的重要职能职责，支撑未来事业发展既是青年人才的常态，又是青年人才的普遍特征。

三是青年人才的流动性和聚集性。青年人才处于发展的黄金期，个人对事业发展成长的预期通常较高。同时，青年人才正处于成家立业的关键阶段，时常面临着工作和生活的双重压力。加之青年人才本身是人力资源中的优质部分，从职业素养、职业能力、职业潜力、职业发展等方面都在人力资源市场中具有强大的竞争力。因此，当青年人才个人发展受阻，现有事业平台无法满足其成长预期需求或者家庭生活等方面的需要时，在内外部因素的共同作用下，青年人才就呈现出更高的流动性特征。在青年人才流动性的因素作用下，青年人才进一步显现出聚集性的特点，特别是在地域、行业等方面聚集性尤为明显。在地域上，前往经济更加发达、发展外部环境更好、优势资源聚集的区域是青年人才的理性选择，导致青年人才总是往发达地区流动，在地域聚集上呈现出马太效应。在行业上亦是如此，青年人才通常更多地倾向于在社会地位、经济收入更高的行业聚集。例如，大量青年人才在流动时，趋向于进入体制内的机关事业单位、收入高的大型企业或者新兴行业。

四是青年人才具有可塑造性。尽管青年人才在职业发展方面已经具有一定的能力和经验，但是相对于中老年人才，仍然在创新创造潜能、职业价值观、职业角色等方面具有更强的可塑造性。一方面，青年人才处于事业发展的起步阶段，职业发展仍然存在巨大的潜力。政府、市场、社会共同参与的人才治理，能够将青年人才塑造成为国家、社会、组织更加需要的类型和状态，从而为经济社会发展做出更大贡献。另一方面，由于青年人才经验积累和人生历练相对不够，很可能会在事业发展方向、职业价值观、角色定位、职业适应等方面存在一定偏差。通过人才发展治理的方式，进一步塑造培养青年人才正确的价值观、事业观、人生观，防止青年人才在价值取向和个人发展方面走偏，方能更好地为青年人才科学发展和行稳致远保驾护航。

人才发展的概念同人才概念类似，也是一个具有时代性、复杂性、动态性的概念。从人才发展的年龄阶段性来看，人才发展可区分为青年人才发展、中年人才发展、老年人才发展。青年人才发展主要在于如何促进青年人才成长，优化青年人才结构，提升青年人才综合能力和竞争力，让青年人才发光发热，实现个人价值等方面。中年人才发展、老年人才发展同样如此，主要是促进人才的个体发展和群体的结构优化、能力提升、价值提升。由于人才成长发展在年龄层次等方面的规律性，青年人才发展是整个人才发展的基础，也是人才工作的关键和核心。

从人才发展的主体来看，人才发展的概念具有个体和群体之分。个体的人才发展主要是指人才个体的成长发展，体现在人才作用的更好发挥、个体事业发展和价值实现。群体的人才发展主要是指人才作为一个群体的发展，并通过人才群体整体素质提升、人才结构优化、人才竞争力增强、人才体制机制的完善等诸多方面体现出来。[①] 个体的人才发展与群体的人才发展既相互区别又紧密联系，是紧密相关、互为一体、相辅相成的统一关系。一方面，所有个体的人才发展，构成了群体的人才发展。群体人才发展状态的优劣，最终会通过个体人才发展状态的好坏表现出来。另一方面，群体的人才发展，反之又会作用于个体的人才发展，影响着个体的人才发展状况。个体人才发展状态的好坏，不仅受自身因素的影响，同样受制于人才群体性的外部环境。在打造人才发展的战略格局中，需要通过群体人才的发展，引领个体人才的发展，最终形成相融共生，彼此促进的良性互动格局。

尽管人才发展有个体和群体之分，但是不管是个体还是群体，都具有明显的目标导向性。在微观个体层面，人才发展的目标导向主要在于个体能力得到提升、潜力得到挖掘、价值得到实现，获得社会认可和相应的回报。在中观组织和群体层面，人才发展的目标导向主要在于人才群体能够满足和支撑组织发展的需要，可以为组织进一步发展壮大提供动力。在国家和社会层面，人才发展目标就在于根据国内国际形势和发展趋势，促进人才发展符合国家和社会发展的现实需要，为国家发展提供高端人力资源支撑，推动人才素质能力、人才结构、人才制度、人才竞争力等与国家战略需求相匹配。随着经济社会的快速发展，国家实施创新驱动发展战略，创新能力成为一个国家的核心竞争力。以创新能力为目标导向成为宏观层面人才发展的历史使命和时代要求。

二　何为人才发展治理

人才发展治理是根据经济社会和国家事业发展的现实需要，以促进人才全面发展为核心目标，采取的一系列治理行为。治理理念、治理对象、治理主体、治理工具、治理制度等是人才发展治理的核心要素，并构成了人才发展治理体系。[②] 治理理念是国家政府的人才治理思想，主

---

① 任瑞升、黄维：《论人才发展与国家治理现代化的逻辑理路及实践路径》，《人文杂志》2021 年第 12 期。

② 徐军海：《创新驱动视角下江苏科技人才发展趋向和路径研究》，《江苏社会科学》2021 年第 3 期。

要体现为对待人才和人才发展的观念，以及人才治理的思路。例如，从改革开放总设计师邓小平提出的“尊重知识、尊重人才”，到习近平总书记所强调的“聚天下英才而用之”，这些都是从国家层面对人才发展治理的理念。国家层面的治理理念是人才发展治理的先导，决定着人才发展治理的方向。

顾名思义，人才发展治理的对象是人才。然而，由于人才本身是一个宽泛的笼统概念，人才最终都需要具体到各行各业、各个年龄层次等具体类别之中。在具体的治理决策和行动中，人才发展治理的对象往往都会具体到某些类别之上。相较于人才发展治理对象，其治理主体则更加清晰。治理主体是指参与人才发展治理的政府、市场、社会的相关主体。例如，改革开放之初的政府一元主导，单一计划式地集中力量开展人才工作的治理模式，到2003年第一次全国人才工作会议上指出要发挥政府、市场、社会的多方作用。治理主体是人才发展治理的责任者，是将治理理念转化为治理工具、治理制度，再将制度、工具转化为人才发展行为的执行者，最终将人才发展治理落到实处的推动者。

治理工具主要是指政府部门和相关主体用以促进人才发展的相关载体和方式方法，是人才发展治理的载体和手段，包括从20世纪90年代开始，延续至今的各类人才工程、专项人才计划、高层次人才引进规划等。治理工具是人才发展治理的必要支撑，是人才发展治理的基本载体。治理制度是治理工具广义上的细化和延伸，主要是指针对人才发展的各类制度规范，既包括国家层面人才发展的顶层设计，例如人才强国战略、创新驱动发展战略，也包括具体的人才发展制度规范，例如人才评价制度、人才引进和培养制度、技术职称制度、人才激励制度、人才成果转化制度、企业和用人单位用人自主制度、党政企事业单位人事制度、人才配套制度等。治理制度是确保人才发展治理有规可循、有矩可依，推动人才发展治理规范化、制度化的重要保障。人才发展治理制度本身和执行的好坏优劣，往往影响着人才发展治理的成败。

人才发展治理的内容是对治理理念、治理对象、治理主体、治理工具、治理制度等各方面的综合和细分，并通过人才发展思想、人才培养、人才评价、人才发现、人才选用、人才环境打造、人才制度构建、人才价值观引导、人才合理流动、人才结构调整等体现出来。在治理理念方面，包括了人才发展治理的思想构建、发展方向的明确；在治理对象方面，包括各类人才区分、分类分级，并根据各类人才的发展规律和特征分类施策；在治理主体方面，包括了对主体责任分工的明确，主体对制度规范的执行和监督、主体治理效果评价等；在治理制度方面，包括了对人才培养、人才引进、人才激励等方面的制度构建和规划制定等。

人才发展治理具有时代性、目标导向性、主体协同性、工具多样性等一般特征。[①] 人才发展治理的时代性主要体现在人才发展治理是在一定的时代背景下开展的治理，其治理的理念、目标、原则、工具和制度都会受到时代背景的重要影响，并具有浓厚的时代色彩。例如，改革开放初期之所以提出“尊重知识，尊重人才”的治理理念，并实行由政府负责的单一计划式治理模式，是因为改革开放需要大量的人才作为支撑，亟待凝聚人才的关键力量用于发展社会生产，为社会主义现代化提供动力。随着社会生产力的发展和人才发展成效的积累，到2002年党的十六大在已有基础上提出“尊重劳动、尊重知识、尊重人才、尊重创造”战略方针和“党管人才”的原则，2003年全国人才工作会议上提出实施人才强国战略，并形成了由政府主导、各部门分工负责的分工赋权式的人才治理模式。随着人才发展形势的变化，党的十八大召开之后，在“聚天下英才而用之”的理念下，对人才的全面深化改革做出战略部署，形成了政府主导的统筹协调式治理模式，市场、社会等主体参与到人才发展治理获得支持和认可。[②]

人才发展治理的目标导向性是指治理作为一种行为，必然需要在特定时代背景和治理理念引导下形成一定的目标，从而为具体治理行为提供指导。目标导向性直接体现为人才发展治理需要与社会发展的实际需求相匹配，既不偏离实际，又不好高骛远。目标导向包括了长远的战略目标、阶段性目标、价值目标，以及具体行动目标，其中战略目标引领

① 刘忠艳：《创新驱动发展背景下的政府人才治理：内涵、发展困境及应对策略》，《中国人力资源开发》2016年第17期。

② 孙锐、吴江：《创新驱动背景下新时代人才发展治理体系构建问题研究》，《中国行政管理》2020年第7期。

阶段性目标、价值目标和具体行动目标。例如，在国家实施创新驱动发展和人才强国的战略目标之下，创新成为人才发展治理的重要战略导向。人才发展治理中的阶段性目标、具体行动目标制定、治理工具选择和构建都需要以增强人才的创新能力为基本导向。

人才发展治理的主体协同性是在治理过程中，需要政府、市场、社会多主体的协同。随着经济社会的快速发展，社会分工的日益细化，人才发展治理由政府单一主体来承担已经脱离实际。人才发展治理必须依靠政府部门、市场主体、社会团体和公众的协同配合，才能构建出高效的人才发展治理体系，营造出良好的人才发展治理环境。例如，企业经营管理型人才不仅需要企业自身进行治理，还需要政府部门为人才提供相应的政策指导和配套服务，社会环境对其社会价值和获得相应报酬的认可，才能让人才更好地发挥个人价值和社会价值，为推动企业发展提供更好支撑。

人才发展治理的工具多样性是指人才发展治理面对不同的对象，需要根据人才发展的规律和特征，选择不同的治理工具和方式方法。人才发展治理的对象具有复杂性和多样性，不同类别的人才往往具有不同的发展规律和群体特征，也需要有与之相适应的治理工具和治理手段。例如，针对科研人才，就需要根据创新规律，制订相应的管理办法和激励方案，而不能套用党政人才等其他人才类别的方式加以治理。又如，围绕青年人才的发展治理，也绝不能与中老年人才雷同，而需要根据青年人才的发展规律和特征，有针对性地采取相应工具和方式方法。

三　为什么要人才发展治理

人才兴则国家兴，人才强则国家强。中国共产党历来重视人才，将人才工作作为执政兴国的重要着力点。进入新时代，以习近平同志为核心的党中央高度重视人才工作。如何培养人才、用好人才，完善人才体制机制改革成了习近平新时代中国特色社会主义思想的重要方面。新时代的人才发展治理是国家治理的重要组成部分，是国家治理体系和治理能力现代化的重要支撑，是国家实施创新驱动发展战略的重要保障。

第一，人才发展治理是贯彻落实习近平新时代中国特色社会主义思想的重要方面。党的十八大以来，习近平总书记高度重视人才和人才工作，在治国理政的探索与实践中，围绕如何识才、爱才、育才、用才、敬才以及人才体制机制改革等发表了系列重要论述。习近平总书记关于人才的重要论述，极大丰富了中国特色社会主义理论的人才思想，赋予了人才思想的新内涵，识人知人的方法论，实践创新的着力点。①

2021 年，习近平总书记在中央人才工作会议上发表重要讲话强调，"要坚持党管人才，坚持面向世界科技前沿、面向经济主战场、面向国家重大需求、面向人民生命健康，深入实施新时代人才强国战略，全方位培养、引进、用好人才，加快建设世界重要人才中心和创新高地，为 2035 年基本实现社会主义现代化提供人才支撑，为 2050 全面建成社会主义现代化强国打好人才基础。"②

习近平总书记关于人才的重要论述是对马克思主义人才观的继续和发扬，涵盖了人才的价值导向、人才教育、人才制度、人才环境等方面。全面理解贯彻习近平总书记关于人才的重要论述，对于做好新时代人才工作具有重要意义。③ 习近平总书记关于人才的重要论述产生于深入实施人才强国战略，实现中华民族伟大复兴中国梦的历史进程之中。人才是实现中国梦的关键，以德育为先、教育为本为原则培养人才，德才兼备选用人才，加强人才队伍建设，优化人才成长环境等是其主要内容。④人才的坚定理想信念、舍我为民的家国情怀、持续创造的思维活力、敢于担当的责任意识、共建共赢的国际理念是其思想内涵。强烈的用人意识、鲜明的用人导向、开放的用人政策是其思维特质；党管人才、活用人才、留住人才是其思维导向。⑤

值得注意的是，在实现中华民族伟大复兴中国梦、社会发展新态势、

---

① 王丕君：《为伟大复兴造就宏大人才队伍——学习习近平总书记治国理政人才思想》，《学习时报》2016 年 6 月 23 日。

② 习近平：《深入实施新时代人才强国战略，加快建设世界重要人才中心和创新高地》，《求是》2021 年第 24 期。

③ 史泽源、荆蕙兰：《试析习近平关于人才工作的重要论述及其指导意义》，《思想理论教育导刊》2019 年第 6 期。

④ 唐斌、罗洪铁：《习近平人才思想研究》，《探索》2015 年第 3 期。

⑤ 卢黎歌、李英豪：《习近平人才思想及其价值意蕴研究》，《思想教育研究》2018 年第 1 期。

人才强国战略需要青年人才的现实背景下，习近平总书记对青年人才的培养和成长十分关注，强调尊重人才，特别是在国际竞争和创新驱动发展战略中要树立正确的人才观念，尊重人才，使人才各尽其能。在社会主义现代化建设过程中，要注重培养社会建设急需的各类人才，特别是科技创新人才，要完善人才引进机制，“广开进贤之路，广大纳天下英才”①。习近平总书记关于人才的重要论述为做好新时代的人才工作提供了遵循。新时代的人才发展治理既是在习近平新时代中国特色社会主义思想指导下的实践，也是贯彻落实习近平新时代中国特色社会主义思想关于人才方面要求的具体呈现。

第二，人才发展治理贯穿中国共产党执政兴国的始终。国以才立、政以才治、业以才兴。中国共产党历来重视人才工作，并将其作为国家治理的重要组成部分。新中国成立以后，面对百废待兴的现实情况，更是求贤若渴，广纳贤才，将人才发展和人才治理作为国家发展的重要内容。1955 年，在毛泽东主席和周恩来总理的争取之下，以钱学森为代表的创新型科学家得以回国，这就足以可见党中央对人才工作的高度重视。改革开放以后，人才培养和人才发展被提到了新的高度。2002 年，中共中央、国务院办公厅印发《2002—2005 年全国人才队伍建设规划纲要》，指出要以马列主义、毛泽东思想、邓小平理论为指导，按照“三个代表”的要求，全面贯彻干部队伍“四化”方针和德才兼备原则，着眼于各项事业的长远发展和人才的总体需求，树立发展新理念，实施“人才强国”战略，开发利用国际国内两个人才市场、两种人才资源，紧紧抓住培养人才、吸引人才、用好人才三个环节，着力建设党政人才、企业经营管理人才、专业技术人才三支队伍，为改革开放和现代化建设提供坚强的人才保证。党的十七大报告在坚持把发展作为党的执政兴国的第一要务部分指出，要更好地实施人才强国战略。为落实这一战略，中共中央国务院印发了《国家中长期人才发展规划纲要（2010—2020 年）》，强调“主动适应我国经济社会发展需要，坚定不移地走人才强国之路”，

① 蒲冠州、马志霞：《略论习近平青年人才思想及指导意义》，《思想理论教育导刊》2016 年第 12 期。

对人才规划和治理给予了中长期规划性指导。在之后的党的十八大、党的十九大均对深入实施人才强国战略进行了强调。党的十九大报告更是鲜明指出“人才是实现民族振兴、赢得国际竞争主动的战略资源。要坚持党管人才原则，聚天下英才而用之，加快建设人才强国”。

第三，人才发展治理是国家治理体系和治理能力现代化的重要支撑。一方面，人才发展治理能力是国家治理能力的重要体现。人才兴则国兴，人才发展与国家发展进步具有内在的统一性。人才是社会发展的先进代表，在经济社会发展过程中扮演着重要角色，特别是在国家治理中具有引领、示范、推动、创新的积极作用，影响着国家治理水平和现代化的进程。[①] 全面提升人才发展治理能力是推动国家治理体系和治理能力现代化的现实需要。党的十九届四中全会做出的《中共中央关于坚持和完善中国特色社会主义制度推进国家治理体系和治理能力现代化若干重大问题的决定》指出，“坚持德才兼备、选贤任能，聚天下英才而用之，培养造就更多更优秀人才的显著优势”“尊重知识、尊重人才，加快人才制度和政策创新，支持各类人才为推进国家治理体系和治理能力现代化贡献智慧和力量”。改革开放以来，我国在人才治理，特别是在人力资源开发、人才培养等方面成绩斐然。然而，人才发展治理总体上依旧面临着体制不顺、机制不活、布局不优、效率不高等系列突出问题。[②] 随着全球化时代的到来，全球高端人才流动更快，人才发展治理成为聚集高端人才、增强国际竞争力的重要方面。如何面对日趋激烈的国际人才竞争，实现留住人才，吸引人才，“聚天下英才而用之”，考验着一个国家的综合治理水平。人才竞争的根本在于人才制度和人才治理水平的竞争。[③] 人才治理能力成为国家治理体系和治理能力现代化的重要组成部分。

另一方面，增强人才发展治理能力是提升国家治理能力的重要支撑。

---

① 任瑞升、黄维：《论人才发展与国家治理现代化的逻辑理路及实践路径》，《人文杂志》2021 年第 12 期。

② 孙锐：《创新驱动背景下新时代人才发展治理体系构建问题研究》，《中国行政管理》2020 年第 7 期。

③ 吴江：《以人才治理现代化夯实国家治理现代化基石》，《光明日报》2019 年 12 月 8 日。

人才对于一个国家的发展具有至关重要的作用。从古代到近代，人才都在很大程度上影响着国家的治乱兴衰。在华夏五千年的历史长河中，得人才以得势兴国，失人才而失势败北的故事不胜枚举。夏商之后，礼贤下士之风盛行，足以见得古代先贤就已对人才有所重视。周文王得姜尚，立以为师，实现灭商兴周。春秋战国，诸侯争霸，均以争夺人才作为法宝，招贤纳士。齐桓公得管仲而九合诸侯，称霸中原。秦孝公将商鞅纳入麾下，实现变法，为一统天下打下基础。[①] 楚汉争霸，项羽失去韩信、范增等优秀人才，最终兵败垓下。到了汉末，刘备为招募诸葛亮，不惜三顾茅庐，最终使蜀国得一旷世贤才，为其政权的巩固打下了坚实基础。诸葛亮《出师表》中以“臣本布衣，躬耕于南阳，苟全性命于乱世，不求闻达于诸侯，先帝不以臣卑鄙，猥自枉屈，三顾臣于草庐之中”的历史名句，亦是传颂至今。从古代礼贤下士、广纳人才的一个个历史故事中，足以见得人才在一个国家治乱兴衰中扮演的重要角色。尽管历史故事已经掩埋在了时间的尘埃之中，但是依旧可以古为今用，推陈出新，为当代人才治理提供思路借鉴。

进入新时代，随着经济社会的快速发展，我国社会主要矛盾转变为人民日益增长的美好生活需要同不平衡不充分的发展之间的矛盾。社会主要矛盾的转变，促使国家的全面发展不仅需要生产力的继续提高，还需要国家治理体系的完善和治理能力的增强。在国家治理体系和治理能力现代化的征程中，迫切需要政治、经济、社会、文化、生态等各方面的人才。2016 年出台的中共中央《关于深化人才发展体制机制改革的意见》明确指出“人才是经济社会发展的第一资源”，“构建科学规范、开放包容、运行有效的人才发展治理体系”，为人才发展治理的定位和方向提供了战略指导。办好中国的事情，关键在党，关键在人，关键在人才。人才事关国家的生产力、创造力，推动国家治理体系和治理能力的现代化必须以人才作为基础支撑。科学高效的人才发展治理体系有利于培养人才、吸引人才、留住人才、发挥人才在创新创造方面的积极作用，从而为国家治理体系和治理能力的现代化提供高质量的人力资源保障。

---

① 齐秀生：《人才研究》，山东人民出版社 2017 年版，序言。

第二节　以创新能力为导向的青年人才发展治理要素

以创新能力为导向的青年人才发展治理，关键在于找到青年人才发展治理与创新能力的契合之处。系统分析创新能力的内涵与特征，阐释创新能力与青年人才的相互关系，明确以创新能力为导向的青年人才发展治理的意义、目标和过程，是开展以创新能力为导向的青年人才发展治理的基本要素。

一　创新能力与青年人才

明确创新和创新能力的内涵是开展以创新能力为导向的青年人才发展治理的重要前提。创新是指人们在实践中通过研究事物的过程、本质、规律，得出新认识，基于此来发明新的实用技术或实践方法。创新能力在“创新”概念的基础上展开，是一种强调变革的综合性能力。

古典经济学虽然认识到了创新对经济产生的重大影响，但是没有将创新看作经济系统内部的因素。美籍奥地利经济学家约瑟夫·熊彼特（Joseph Alois Schumpeter）在1912年出版的《经济发展理论》中首次提出“创新理论”，将创新引入经济学领域。在熊彼特看来，创新是“生产要素的新组合”，将某种生产要素的新的组合加入到产业或企业的生产体系中使企业获得潜在的利润就可以称为创新。为了阐释何为创新，熊彼特提出了五种创新模式：其一，开发新产品，即开发市面上之前没有的产品，或者生产与之前本质上不同的产品；其二，采用新的生产方式，包括工艺或生产方法质上的彻底改变，也包括对原有生产方法量上渐进式的改进；其三，开拓新市场，开辟之前没有开拓的市场，或者将原有市场细化之后将单一产品市场转化为多种产品的市场；其四，利用新材料及其来源，即采用新的材料或半成品，或者消耗原有的材料或半成品，使其有了新的用途；其五，实现一种新的工业组织，即改变企业的组织结构或者变革资产形态。①

---

①、［美］约瑟夫·熊彼特：《经济发展理论》，何畏、易家详等译，商务印书馆2017年版，第76页。

可以看出，熊彼特认为创新是一种经济活动，其中既涉及技术性变化的创新，也涉及非技术性变化的创新。1939 年，他在《经济周期》一书中将创新置于经济系统中进一步进行分析，将创新定义为“在经济生活的范围内以不一样的方式做事”①。1942 年，熊彼特的《资本主义、社会主义和民主》一书出版，这是他的创新理论完成的标志。熊彼特经济发展理论中的“创新”概念指向较为明确，主要是针对生产和经济领域来说的，强调创新与经济活动尤其是企业盈利活动的关系。

随着西方发达国家从工业经济社会向知识经济社会转型，研究创新的学者们沿着熊彼特的研究进一步探索与拓展，创新理论继续发展。20 世纪 80 年代以来，相关研究者将熊彼特关于创新的观点从产业发展和企业生产经营领域延伸拓展到其他领域，“创新”的观念深入社会生活的各个方面。随着西方发达国家从工业经济社会向知识经济社会转型，有学者关注到了社会转型中创新驱动的作用，提出国家创新系统与建设创新型国家的理论，将熊彼特创新的概念进一步扩大到整个社会。②

美国管理学家彼得·德鲁克（Peter F. Drucker）的社会创新理论深受熊彼特影响，对于创新型人才的培养颇具启发意义。第二次世界大战后，德鲁克以管理学视角研究组织时发现，政府、学校、医院等这些组织的管理与发展在运营模式上有别于企业，但是这些组织想要适应社会的发展也必须依赖于创新与企业家精神。否则这些组织或企业就很难保持自我革新的能力和灵活应变的特性。20 世纪 50 年代，德鲁克将创新的概念引入管理学，形成了管理创新理论。在随后的十几年中，他结合时代的发展变化，将熊彼特的创新理论从生产、技术领域扩展到管理、社会领域，其研究主体早已不局限于企业，而是扩展到政府、医院、学校等营利或非营利组织。在 1973 年首版的《管理：使命、责任、实务》一书中，德鲁克就已经多次提出了社会创新问题并阐述了“社会创新”概念。③ 在德鲁克的观点中，创新可以分为技术创新和社会创新，其中

① Schumpeter J. A.，*Business Cycles*，New York：Mcgraw-hill，1939，p. 84.

② 梁拴荣、贾宏燕：《创新型人才概念内涵新探》，《生产力研究》2011 年第 10 期。

③ 纪光欣、岳琳琳：《德鲁克社会创新思想及其价值探析》，《外国经济与管理》2012 年第 9 期。

社会创新难度更大，同时影响力也更大，社会更加需要这种创新。[①] 在德鲁克看来，创新意味着迎接某种挑战或者说突破临界状态，具有激发个体或群体潜能与创造性的功能，能够打破原有的、旧的或传统的理念、方法、产品或服务，在此基础上创造出新的。[②] 如果创新能够作为一种积极主动的而不是消极被动的主体选择，那么面对复杂的问题与层出不穷的新情况，就可能有更多新的机遇。一个组织想要得到发展，不被时代的迅速变化淘汰，就需要不断地主动创新，因而创新不仅是发展的必然选择，更是生存与延续的根本策略。正如美国负有盛名的管理学大师托马斯·彼得斯所说："要么创新，要么死亡。"

随着科技与经济的关系不断被人们认知，科学经济学与技术经济学等学科被较为独立地研究，人们不断加深了创新对经济发展的重要意义的认识，创新理论与创新概念也有所发展。哈纳（Haner）将研究引入创新质量，在分析了质量和创新的基本概念后，对与"质量创新"相对的"创新质量"概念进行了阐释，将创新的概念引向更加标准化、系统化，强调需要创新质量离不开以创新的管理作为支撑。[③] 克洛桑（Crossan）将不同的研究视角整合到一个综合的多维度的组织创新框架中，对创新概念进行了集成的发展，认为创新应当是一个过程，同时应当以结果为目标导向。[④] 创新的概念仍然在发展与演变，"创新"一词本身也在不断经历创新。尽管创新在不断演变，但是创新强调在实践活动中产生与以往不同的新思路、新发明、新发现、新方案基本成为社会的普遍共识。

创新能力是在完成创新这项复杂实践活动中直接影响活动效率并保证活动顺利完成的特征，是"一个人（或群体）在前人发现或发明的基础上，通过自身的努力，创造性地提出了新的发现、新的发明和新的改

---

① 陈泽龙：《试析创新型人才的素质结构》，《中州大学学报》2008 年第 1 期。

② 鲁兴启：《基于创新驱动的创新型人才素质及培养研究》，浙江大学出版社 2020 年版，第 43 页。

③ Haner, U., "Innovation quality-a conceptual framework", *International journal of production economics*, Vol. 80, No. 1, 2002, pp. 31 –37.

④ Crossan & Apydi, "A multi-dimensional framework of organizational innovation: A systematic review of the literature", *Journal of Management Studies*, Vol. 47, No. 6, 2010, pp. 1154 –1191.

进革新方案的能力”[①]。创新能力的定义强调以下三点：其一，创新不可能在完全没有任何积累的情况下凭空产生。创新能力的形成离不开个人前期的积累，也离不开社会长期的发展。其二，创新必须通过自身努力才能实现。创新能力是一种综合性的个性特征，包括创新的动机、精神、素养与品格等。创新能力的实现需要以创新动机作为原初动力，以创新精神作为精神支持，以创新的素养与品格作为保障，并不断加强自身努力。其三，创新能力强调创造性地提出发现、发明或改进旧方案的能力。例如技术创新，是在下一次生产时所用的技术比现在用的技术好。[②]

创新与创新能力相互联系、不可分割。其一，创新能力对于创新成果的取得十分重要。创新能力是创新、创造活动中最积极，最活跃的因素，贯穿于创新活动始终。创新能力推动创新活动，是开展创新活动的基础。其二，创新成果是创新能力作用的结果。创新能力在创新活动中得以激发、加强，并通过创新活动和创新成果最终体现出来。[③] 创新能力对创造性成果的生产意义重大，创新离不开创新能力及其培养。

总体来看，创新主要起源于经济学的研究，在管理学中得以发扬，最后逐渐推广到了理论和实践的各个领域。创新要素和创新能力成了人力资源管理，特别是人才培养方面的重要关注点和主要内容。

创新的实现大体涉及新思想的产生并将其付诸实践产生新事物两个步骤。创新能力的构成要素包括创新思维能力、非智力因素和创新实践能力。[④] 在创新的过程中，创新思维能力主要涉及新思想产生，创新实践能力主要涉及创新实践实现，非智力因素会影响创新思维能力和创新实践能力。上述三者共同构成创新能力，促进新思想与新实践的产生。

创新思维能力决定新思想的产生。创新思维的产生是创新的开端，是创新能力的核心。创新思维是指思维上的创新，是对传统常规思维模式的扬弃、突破与超越，包括发散与集中思维、逆向思维、形象思维、

---

① 余伟：《创新能力培养与应用教程》，航空工业出版社 2004 年版，第 3 页。

② 林毅夫：《中国未来创新发展的优势与挑战》，《金融论坛》2021 年第 7 期。

③ 耿丽微、赵春辉等：《高校大学生创新能力培养与创业教育研究》，电子科技大学出版社 2017 年版，第 9 页。

④ 余华东：《创新能力培养新视野》，中国书籍出版社 2019 年版，第 9—12 页。

直觉与灵感思维、综合思维这五种基本类型，具有新颖性、超越性、突破性、敏捷性、预见性、现实性、批判性、灵活性、多维性、风险性等特征。① 创新思维能力决定创新思维的产生，对创新活动起着决定性作用。从构成上说，创新思维能力主要包括知识、非逻辑思维能力和逻辑思维能力三个要素。知识是创新思维能力不可或缺的基础要素。知识是人们对自然界和人类社会进行观察、认识、实践而获得的感性的总结，广义上的知识除了理论知识还包括了实践中获得的经验和技能。创新对于知识和经验有一定的深度和广度上的要求，此外，一些专业化或特殊领域对于知识经验也有着专门化的要求。逻辑思维能力和非逻辑思维能力是创新思维能力的两个要素。逻辑思维能力是人脑借助于概念、判断、推理以及其他逻辑方法反映客观现实的认识过程。非逻辑思维能力是指直觉、想象、灵感、顿悟等不依一定的严格程序、格式就能进行综合判断，直接把握事物本质的能力或方式。相应的创新思维能力培养也应当注重从知识的充实以及逻辑思维能力、非逻辑思维能力的培养来进行。

非智力因素在新思想与新实践的产生过程中起到推动和调节的作用。创新不仅要求思想上的创新，还要将创新思想变成创新实践，在这一过程中非智力因素就会发生作用。非智力因素概念有广义和狭义之分。广义的非智力因素包括智力以外的心理因素、环境因素、生理因素以及道德品质等。狭义的非智力因素则指那些不直接参与认识过程，但对认识过程起直接制约作用的心理因素，主要包括动机、兴趣、情感、意志、性格等。非智力因素不直接参与认识过程，但它对认识过程有重要推动和调节的作用，强烈的创新动机与兴趣、愿意投身创新的情感、刻苦攻坚的意志品质与敢于创新的性格特征能够助力创新型人才的成长。

创新实践能力是把创新思维付诸实践的能力。创新实践能力是人们从事创造新事物活动的能力，它具有实践能力的一般特征，但更强调人的行为的创新性。实践创新能力是创新能力的重要组成部分。仅仅拥有理论上的创新能力是不够的，还应将其付诸实践，转化为相应的创新思

---

① 鲁兴启：《基于创新驱动的创新型人才素质及培养研究》，浙江大学出版社 2020 年版，第 191 页。

想、创新活动或创新成果。例如，“产学研相结合”强调将企业的生产、学生的学习和高校的科研结合起来，能够实际地提高青年人才的实践创新能力。

创新能力具有普遍性、可激发性和可提升性、综合性以及乘数效应的特征。[①] 其一，创新能力具有普遍性。从时间、地点、人员等方面来说，创新能力的产生具有常见性和必然性。创新能力是一种人人皆有，时时皆有，处处皆有的能力。尽管有一些人群的创新能力更强，但是无论年龄大小，智商高低，条件好坏，每个人都能够具有创新能力。虽然创新有最佳时间，但是创新能力不受严格的时间限制。创新能力不受空间限制，身处各个领域、各个行业都能够具有创新能力，实现创新创造活动。

其二，创新能力具有可激发性和可提升性。创新能力不是恒常稳定的，而是可以通过教育、训练和实践激发出来和不断提升的。创新的潜能是普遍的和无限的，但是创新能力现实开发的状况是差异的和有限的。每个人创新能力培养与训练的情况不同，开发的程度不同，表现出来的也十分不同。基于这种后天的差异，可以对人的创新能力进行逐步开发，使其由隐到显，由弱到强，在创新能力的提升过程中实现从初级人才到高级人才，从潜在创新型人才到显性创新型人才的转化。

其三，创新能力具有综合性。创新能力强调在现有的基础上通过主体的努力推陈出新，创新思维是其核心。此外，创新能力还包括能够运用形象思维的能力、联想的能力、侧向思维能力、灵活思维能力、“联结”和“反联结”能力敏锐地发现问题，在探究的过程中注重转移经验，统摄思维活动，进而运用合适的语言产生新思想，完成某种预见或预判，进行某种评价。创新能力由整个创新过程的各个环节中需要的能力特质构成，能够把各种能力综合起来并且加以运用，是一种综合性较强的能力。

其四，创新能力具有乘数效应。创新如同一个支点，出现一个突破，

---

① 耿丽微、赵春辉等：《高校大学生创新能力培养与创业教育研究》，电子科技大学出版社2017年版，第10—16页。

就可能推进企业技术进步、促进产业转型升级、形成新的增长点，在连锁反应中撬动发展，产生巨大的“乘数效应”。在信息化时代，创新要素的投入相比于传统经济要素的投入会创造更大的效益，是所有投入中最具价值且附加力最高的一种，成功也就更加需要创新与创新能力。

青年人才是个特殊群体，他们拥有高学历、年轻、思维活跃、视野开阔，是创新的主力军。除了具有创造性、进步性和社会性等人才一般特征之外，青年人才还具有主动的学习意识、持续的创新意识、敏锐的信息意识和强烈的竞争意识。[①] 主动的学习意识和敏锐的信息意识有利于知识和经验的获得继而养成创新能力，而持续的创新意识和强烈的竞争意识能够促进青年人才能够更好地培养创新能力，可见青年人才的诸多特征都指向较强的创新能力。青年人才处于创新活跃期和产出高峰期，创新能力强是青年人才的核心特征。

其一，青年人才创新思维能力强。创新思维强调对传统常规思维模式的扬弃、突破与超越，是适应时代变化的、面向未来的思维模式。一方面，青年人才思想活跃、精力充沛、专注力好，更容易走出线性思维、惯常思维、模式思维和惰性思维，为创新思维的产生提供前提，也更容易将逻辑思维和非逻辑思维最优地结合起来，运用发散与集中思维、逆向思维、形象思维、直觉与灵感思维、综合思维来思考问题，实现创新创造。另一方面，青年人才“反联结”能力与知识迁移能力较强。青年人才善于迅速将思绪转换到一个与之前的对象相隔较远的对象，实现知识迁移或理论创新。青年人才能够更好地运用自己的“反联结”思维能力剔除以前积累下来的知识对现在的认知或者判断产生的阻碍，将新知“纯净化”，跳出原有的思维框架实现创新。

其二，青年人才拥有更利于创新的非智力因素。一方面，青年人才具有强烈的好奇心、求知欲与创造欲，创新的动机与意愿强烈。创新的开端经常是对未知的好奇与探索。在当今这个知识剧增、信息爆炸的时代，青年人才致力于探索研究领域中的未知，弥补已知领域和未知领域的差距，体现出强烈的求知欲与好奇心。同时，伴随着改革开放成长起

---

① 王宣瑛：《青年人才特点与成长途径》，《中国青年研究》2005 年第 2 期。

来的青年一代具有强烈的创造欲，对于已成为既定事实的东西，也要重新思考以加深理解，或用新的思路或方法使其有所发展。青年人才成长的潜力大，求发展的动力足[①]，这也在一定程度上促进了青年人才的创新创造意愿，有利于激发青年人才的创新能力。另一方面，青年人才敢于质疑，具有创新所需的意志品质。质疑与发问是创新的先导。正如巴甫洛夫所说，“怀疑，是发现的设想，是探索的动力，是创新的前提”。青年的重要特征就是以存疑的头脑有意识有目的地观察事物，从而较敏锐快捷地捕捉到事物发展的某些发展变化，这是青年一代的重要特点，也是他们能否成才的一个关键因素。青年人才更加具有独立人格，具备不畏权威、敢想敢干的意志品质，能够在好奇与求知的基础上发现与提出问题，而在探索问题、解决疑难的过程中就有可能实现创新。

其三，青年人才创新实践能力强。一方面，青年人才有着良好的学术训练机会，具备较好的创新实践基础。[②] 青年人才拥有系统深入的理论基础知识。他们接受了完整的高等教育，基本功底扎实，利于形成敏锐的洞察力和独有的知识结构，易于挑战传统与权威，形成不迷信、不盲从的创新精神，实现超越传统常规思维模式，培养面向未来的创新能力。青年人才还拥有扎实的专业知识。他们受过良好的学术训练，专业能力强，具有独立从事科研工作的能力素养，对新兴事物具有更好的理解与接受能力，掌握了科学研究与科技创新的方法，能够胜任本领域内的科技创新工作，迅速将所学知识运用到科技研究的实践中去。青年人才良好的学术背景使其能够解放思想，不墨守成规，全方位、多角度地思考问题，有利于培养创新思维、激发创新能力。另一方面，青年人才具有更强的可塑性利于实践创新。青年人在职业发展上已经积累了不少能力和经验，并且相对于中老年人才，青年人才在创新创造潜能、职业价值观、职业角色等方面具有更强的可塑造性，具有更好地学习、研究，从而产生新思想、创造新成果的能力。

---

① 王时龙、曹华军：《基于学科团队培养青年创新人才》，《中国高等教育》2016 年第 10 期。

② 朱志成、乐国林：《我国高层次创新型青年科技人才的成长与管理分析》，《科技进步与对策》2011 年第 9 期。

创新能力强是青年人才的核心特征，应当尤其重视对青年人才与创新能力关系的研究，加强对青年人才创新能力的培养。青年人才是创新的重要力量，不断推动理论创新与实践创造向前发展。如何提高青年人才的创新意识，培养青年人才的创新能力，提升创新型青年人才的质和量成为青年人才发展治理面临的重要课题。

二　以创新能力为导向的青年人才发展治理意义

以创新能力为导向是青年人才发展治理的必然要求。针对新时代人才发展治理面临的问题，就如何培养人才、用好人才、完善人才体制机制改革，我国进行了一系列探索。青年人才在人才群体中占据关键地位，青年人才发展治理也成为国家人才发展治理体系中最重要的一环。青年人才发展治理强调把握青年人才的发展规律与特征，有针对性地选择治理工具与治理手段，能够有效培养创新型青年人才。根据新时代发展需要，结合青年人才创新能力强的核心特征，以创新能力为导向是青年人才发展的基本方向，也是青年人才发展治理的必然要求。

第一，人才发展治理是国家创新驱动发展战略的重要保障。党的十八大报告提出“实施创新驱动发展战略”，“科技创新是提高社会生产力和综合国力的战略支撑，必须摆在国家发展全局的核心位置”。进入新时代，在以习近平同志为核心的党中央的坚强领导下，深入实施创新驱动发展战略和人才强国战略，人才发展治理迈入了新征程。习近平总书记指出，“我们坚持创新驱动实质是人才驱动，强调人才是创新的第一资源，不断改善人才发展环境、激发人才创造活力，大力培养造就一大批具有全球视野和国际水平的战略科技人才、科技领军人才、青年科技人才和高水平的创新团队”。党的十九大再次强调坚定实施“创新驱动发展战略”。创新驱动发展离不开创新型人才的支撑，创新型人才的培养、引进、作用发挥离不开科学有效的人才发展治理体系。发展是第一要务，人才是第一资源，创新是第一动力。[①] 中国如果不走创新驱动道路，新旧驱动不能顺利转换，是不可能强大起来的，只能是大而不强。

① 肖伟光：《强起来要靠创新，创新要靠人才》，《人民日报》2018 年 3 月 13 日。

强靠创新，创新靠人才。人才发展治理的目标不仅需要培养人才、引进人才、留住人才，还需要发挥人才的积极作用，特别是在引领创新创造方面的带动作用。通过有效的人才发展治理，激发人才活力，有利于充分挖掘人才的创新潜能，将我国的人力资源优势转换为人才创新创造的动能。最终以人才治理为着力点，实现由人力资源大国向人才创新强国迈进，为国家创新驱动发展战略的顺利实施提供可靠保障。

第二，以创新能力为导向是人才发展治理的应然趋势。党的十六大报告指出，创新是一个民族进步的灵魂，是一个国家兴旺发达的不竭动力，也是一个政党永葆生机的源泉。党的十九大报告强调，贯彻新发展理念，建设现代化经济体系，需要不断增强我国经济创新力和竞争力。要加快建设创新型国家，创新是引领发展的第一动力，是建设现代化经济体系的战略支撑。要倡导创新文化，强化知识产权创造、保护、运用。培养造就一大批具有国际水平的战略科技人才、科技领军人才、青年科技人才和高水平创新团队。以创新能力为导向推动人才发展治理，是未来人才治理的历史趋势。一方面，以创新能力为导向的人才发展治理是经济发展趋势的客观要求。随着中国特色社会主义进入了新时代，经济发展由高速增长阶段转向高质量发展阶段。推动经济高质量发展，需要转变经济发展的驱动模式，由要素驱动、投资驱动向创新驱动转变。人才是创新的基础，创新驱动的实质其实就是人才驱动。①

另一方面，以创新能力为导向的人才发展治理是占据人才竞争优势的现实需要。在全球化的激烈竞争格局中，最终都会落脚到经济政治文化社会全方位细分领域的竞争，其核心都是创新能力的竞争。要全面提升国家的综合创新能力，只有通过人才发展治理的一系列方法，让人才的创新能力转变成为国家的综合创新能力。此外，以创新能力为导向的人才发展治理是科技进步的必然要求。随着科学技术的飞速进步，科技在经济社会发展中的关键支撑作用更加凸显。科技的进步需要以人才的创新作为前提，激发人才的创新能力是推动科技进步的不二选择。因此，

---

① 孙锐、吴江：《构建高质量发展阶段的人才发展治理体系：新需求与新思路》，《理论探讨》2021 年第 4 期。

新时代的人才治理的重要目标就是激发人才的创新潜能，以构建创新能力为导向推动人才由数量向质量转变，让人才成为驱动经济高质量发展的基石，推动我国由人才大国向人才强国转变。

第三，青年人才发展治理是国家人才治理的重中之重。党的十九大报告指出，“青年兴则国家兴，青年强则国家强。青年一代有理想、有本领、有担当，国家就有前途，民族就有希望。中国梦是历史的、现实的，也是未来的；是我们这一代的，更是青年一代的。中华民族伟大复兴的中国梦终将在一代代青年的接力奋斗中变为现实”①，同时强调要培养一大批具有国际水平的青年科技人才。习近平总书记在2018年两院院士大会上指出，“各级党委和政府要以识才的慧眼、爱才的诚意、容才的雅量、聚才的良方，放手使用优秀青年人才，为青年人才成长铺路搭桥，让青年人才成为有思想、有情怀、有责任、有担当的社会主义建设者和接班人”②。习近平总书记在2021年两院院士大会上再次指出青年人才培养的重要性，并引用明代政治家张居正《论时政疏》中“才者，材也，养之贵素，使之贵器”的名句，强调要加强对青年人才的培养和使用。③ 习近平总书记强调，青年人才是国家战略人才力量的源头活水，要把培育国家战略人才力量的政策重心放在青年科技人才上，给予青年人才更多的信任、更好的帮助、更有力的支持，支持青年人才挑大梁、当主角。各类人才培养引进支持计划要向青年人才倾斜，扩大支持规模，优化支持方式。④ 习近平总书记关于青年人才的一系列重要论述，为青年人才治理提供了思想指导，也说明了青年人才治理对于国家人才治理的重要性。在实现中华民族伟大复兴的历史征程中，更加需要发挥青年人才的重要作用。

---

① 习近平：《决胜全面建成小康社会夺取新时代中国特色社会主义伟大胜利——在中国共产党第十九次全国代表大会上的报告》，人民出版社2017年版，第70页。

② 习近平：《在中国科学院第十九次院士大会、中国工程院第十四次院士大会上的讲话》，人民出版社2018年版，第24—25页。

③ 习近平：《在中国科学院第二十次院士大会、中国工程院第十五次院士大会、中国科协第十次全国代表大会上的讲话》，人民出版社2021年版，第19页。

④ 习近平：《深入实施新时代人才强国战略，加快建设世界重要人才中心和创新高地》，《求是》2021年第24期。

2017 年中共中央国务院印发的《中长期青年发展规划（2016—2025 年）》指出，“青年是国家经济社会发展的生力军和中坚力量”，“党和国家事业要发展，青年首先要发展。赢得青年才能赢得未来，塑造青年才能塑造未来。要站在党和国家事业后继有人、兴旺发达的高度，把青年发展摆在党和国家工作全局中更加重要的战略位置，整体思考、科学规划、全面推进，努力形成青年人人都能成才、人人皆可出彩的生动局面，为实现‘两个一百年’奋斗目标、实现中华民族伟大复兴的中国梦注入强劲、持久的青春动力”，“统筹推进党政人才、企业经营管理人才、专业技术人才、高技能人才、农村实用人才、社会工作人才等领域青年人才队伍建设”。青年是个体生命周期的重要阶段，具有思维活跃、精力充沛、敢想敢为的特征。青年时期是最具有生机活力、积累知识技能、激发创新创造、展现个人才华的黄金期。青年群体是应对新时代复杂严峻挑战、支撑经济社会全面发展的生力军，担当着促进生产发展、社会进步的重任。青年人才是整个人才群体中的重要组成部分。人才发展治理中抓住青年人才这一关键群体，能够事半功倍地为整个人才建设大局提供基础保障。通过对青年人才的培养、教育、使用等方式，能够更好地促进青年人才的发展，为青年人才树立正确价值观，锤炼知识技能、发挥创新创造的积极作用打下基础，也可为青年人才过渡到中老年人才时期继续发挥更大作用做好铺垫。

第四，创新能力导向有利于提升青年人才的质与量。一方面，创新能力导向有利于形成培养创新型人才的发展生态。创新型人才的培养需要良好的发展生态作为支撑。当创新得到政府、社会、组织的支持，创新成为社会的良好风气和人才的向往时，人人追求创新、人人渴望创新、人人愿意创新、人人实现创新的状态就能延续下去，越来越多的创新型人才则会涌现出来。另一方面，创新能力导向有利于为青年人才创新实践创造更多机会，从而为培养创新型人才提供经验和平台支撑。针对青年人才群体，国家出台了一系列人才治理的规划与制度，为青年人才发展治理提供政策支持与制度保障。人才治理工具的好坏影响着人才发展治理的成败，使用适当的人才治理工具能够促进人才发展治理。治理载体与手段不是一成不变的，其创新是在创新型人才培养的实践中推动的。

人才治理工具不断强调与回应创新能力培养中遇到的现实问题，在此过程中也实现自身的创新发展，推动了青年人才质与量的提升。

最后，创新能力导向是提升青年人才发展治理成效的重要途径。针对青年群体进行创新能力培养，能够高效匹配青年人才创新能力强的特征，提升青年人才发展治理的成效。一方面，以创新能力为导向能够提升青年人才发展治理效率。青年人才群体思维灵活、思路开阔，受固化思维影响较小，对其进行创新思维和创新能力的培养会相对更加容易，并且会在更短期内获得成效，在相同时期内也能获得更多创新性成果的产出，治理效率更高。同时在创新科技成果滞后性规律的作用下，以创新能力为导向能够促进人才发展进入良性循环，带来长期稳定的产出效益。另一方面，以创新能力为导向进行青年人才发展治理面向未来，成效更显著。创新型青年人才发展治理的核心是青年人才创新能力的培养。青年人才的发展，立足的是当下，面向的是未来。就个人而言，青年时期培养的创新思维与创新能力能够影响人们更长的人生阶段。延伸到全社会，之前一段时期培养的青年人才进入中年或者老年后仍具创新创造能力，而新的青年人才仍然在不断涌现，所以对青年人才群体进行创新能力培养的效果更加显著。谁拥有了创新型青年人才，谁就能占领未来科技发展的制高点。

青年人才发展治理从内生概念含义与外在社会需要上看，本身就包含着创新能力导向。创新能力强是青年人才的核心特征，创新能力导向是青年人才发展治理的必然趋势。以创新能力为导向推动人才发展治理是指将创新能力作为人才发展治理体系建构的持续导向与永续动力。只有以创新能力为导向进行青年人才发展治理，才能更迅速有效地构建一支布局和谐、结构合理、生生不息的创新型人才队伍。进入 21 世纪以来，知识经济已经逐步占据主导地位。影响经济增长的主要要素已经不再是传统工业时代的资源、资本，而是知识、技术、工艺甚至新的价值观念。在知识经济时代，这些重要的战略资源与推动力量其核心都在于创新，创新驱动已经成为经济社会发展驱动的主要模式。创新驱动的核心是人才驱动，人才竞争的关键是人才创新能力的竞争，以创新能力为导向进行青年人才发展治理是大势所趋。

三　以创新能力为导向的青年人才发展治理目标

以创新能力为导向的青年人才发展治理的目标可以从宏观、中观、微观三个层面来剖析。从宏观上看，以创新能力为导向的青年人才发展治理的目标应当与国家战略和社会经济发展需求尤其是国家社会对人才的需求、对人才创新能力的需求相匹配。从中观上看，以创新能力为导向的青年人才发展治理的目标应当匹配高校、企业等组织对于创新型青年人才的需求。从微观上看，以创新能力为导向的青年人才发展治理的目标应当与青年个体发展对于物质、精神的基本需要，以及对于全面发展的诉求相适应。

按照对象不同，以创新能力为导向的青年人才发展治理的目标可以分为社会目标、群体目标和个体目标。以创新能力为导向的青年人才发展治理的社会目标是指通过青年人才发展治理，使青年人才实现全面提升，以适应和促进社会发展，满足国家社会对青年人才创新能力的需求。现阶段国家社会对青年人才创新能力的需求与青年人才创新能力的实际状况之间存在矛盾。进入信息化时代，经济社会发展的现实需要对创新提出了更高的要求，对创新型人才培养提出了更高的要求。创新型人才的培养关键在于青年时期，创新型青年人才培养核心在于培养青年人才创新能力。青年人才创新能力的现实状况还不能完全匹配国家社会的需求，在二者之间存在一定的张力。解决这一矛盾，通过增强青年人才创新能力，推动国家竞争力与综合实力的提升是国家层面进行青年人才发展治理的重要目标。

群体目标是指各个单位、集体要实现的具体要求，即以创新能力为导向，针对各个不同群体确定不同的青年人才发展治理目标。各个不同群体的青年人才发展治理目标有所不同，但是核心在于形成合力，改善不利于创新的不良环境。环境对创新的负面影响与青年人才发展治理对创新的正面影响之间存在矛盾。影响青年人才发展治理的环境是复杂的，其中一部分利于创新的因素会对以创新能力为导向的青年人才发展治理提供正向的促进作用，另外一些不利于创新的因素会对治理产生负面效果，不利于青年人才创新能力的培养。那些不利于创新的环境因素，例如“官本位”“金钱之上”“唯职称”“唯帽子”对创新的负面影响与青年人才发展治理对创新的促进作用之间就会产生一定的矛盾。对这些不利环境的改造是以创新能力为导向的青年人才发展治理的题中之意，并在这种改造中推动青年人才发展治理能力与人才创新能力不断发展，则是青年人才发展治理的群体目标。

个体目标是指通过优化创新环境、激发创新潜能、满足人才生活和发展需要等方式，实现青年人才创新能力的全面提升。一方面，以创新能力为导向的青年人才发展治理应当着重培养综合性的创新能力。创新能力的综合性与教育内容的相对固定性之间存在矛盾。创新能力是一项综合性的能力。在创新能力培养中，合理的知识结构与经验储备是激发创新能力的前提，独特优良的人格素养是激发创新能力的保障，创新能力内涵要素以及所需系列能力特质的培养是其核心。创新能力综合性强决定了的培养更加强调因材施教，只有进行更具针对性、匹配个性化的教育才更容易取得成效。由于教育资源的有限性与资源配备的相对稳定性，现如今的教育内容具有相对的固定性。这种相对固定的教育内容能够一定程度上培养人才创新能力，但是难以匹配信息化时代社会对人才创新能力培养的高需求。教育对于创新能力培养至关重要，创新型人才培养需要教育创新①，尤其需要强调因材施教培养个体创新思维与创新能力，激发个体创新潜能，同时强调教育内容的不断更新。

另一方面，应当着力满足青年个体对稳定的需要。青年个体对稳定的需要与创新的风险性之间存在矛盾。青年既是社会中最有活力的群体，也是社会中的相对弱势群体②，需要相对稳定的工作与收入。在现有的资源分配结构中，资源的分配往往是与已有成果，与“帽子”“头衔”挂钩的，青年人才往往没有资源可用。在生活方面，青年人才恰恰也是面临最大压力的，他们不仅要面对高房价、高生活成本，通常还承担着教育子女和赡养老人的重任。创新带来的收益与回报是可观的甚至倍乘的，但同时其中的风险和挑战也不可小觑。在创新活动中成果的产出较

---

① 林崇德等：《创新人才与教育创新研究》，经济科学出版社2009年版，第18页。

② 郗杰英、杨守建：《当代青年发展与社会管理创新》，《中国青年研究》2012年第1期。

之成本的投入存在一定的滞后性甚至不确定性。创新不易，对创新的投入很少能有立竿见影的成效，时常需要大量的刻苦攻关与艰难探寻，同时要承担着不确定性的风险和过程中若干次的失败。创新活动的风险性是客观存在的，不会自动来适应青年人才对于稳定的现实需要，青年个体对于稳定的需要与创新的风险性之间存在不可避免的张力，应当以满足青年个体对于稳定性的需求作为青年人才发展治理个体目标的一个面向。

以创新能力为导向的青年人才发展治理整体上着眼于社会目标，以群体目标作为载体，以个体目标为支撑。以创新能力为导向的青年人才发展治理的社会目标对治理的群体目标和个体目标起着主导和支配的作用，决定着群体目标和个体目标的形成、发展和实现，而个体目标和群体目标则是社会目标的来源，是社会目标实现的基础。以创新能力为导向的青年人才发展治理旨在通过提高个体创新能力促进群体与社会的全面发展与进步，核心在于培养具备合理知识结构与经验储备、超常的创新能力、独特优良的人格素养、持续和巨大的贡献的创新型青年人才。

四　以创新能力为导向的青年人才发展治理过程

当今世界，人才战略价值更加凸显、人才供求矛盾更加尖锐、人才流动形态更加多样、人才竞争对抗更加激烈，社会对高层次人才尤其是创新型高层次人才的要求更加迫切，培养基础扎实、知识面宽、能力强、素质高的创新型人才甚至已经成为时代最紧迫的任务。创新型人才培养包括了人才创新能力的培养以及影响人才创新能力的外部因素的创设。[①]一个人是否能够成为创新型人才，能否在现有知识积累的基础上通过自己的努力打破常规，在生产或生活领域实现创造性的发展，取决于人才是否具有现实的创新能力。每个人都有创新的潜能，但是这种潜能不一定能够转化为实际的创新能力，这种转化就需要内生创新能力的培养以及外部环境的依托与支持，需要以创新能力为导向的青年人才发展治理。

以创新能力为导向的青年人才发展治理的过程包括青年人才开发、

① 林崇德等：《创新人才与教育创新研究》，经济科学出版社 2009 年版，第 2 页。

青年人才培养、青年人才评价、青年人才激励、青年人才保障。人力资源研究表明，青年是发挥人才资源效益的最佳阶段，因此大力开发青年人才资源显得尤为迫切和重要。[①] 青年人才开发就是对青年人才资源进行发掘，涉及人才的发现、引进、储备，使得人才有机会被发现与使用，是人才发展治理的基石。以创新能力为导向的青年人才开发解决的是青年人才发展治理过程中的创新型人才来源问题，就是有没有人来实施创新的问题。“开发什么样的人”是对“我们要什么样的人才”这一问题的现实回应，对广大青年科技人才要做什么、怎么做有关键引导作用。

青年人才培养是指青年人才发展治理中必需的系统化培养，包括教育培训中的培养以及人才使用过程中的培养，主要解决的是青年人才发展治理过程中的人才延续的问题。以创新能力为导向的青年人才发展治理重点在于培养创新型青年人才，其核心在于培养创新能力，包括培养积极健康的人生价值取向、合理的知识结构与经验储备、勇于开拓的创新精神以及刻苦攻坚的顽强意志。在以创新能力为导向的青年人才发展治理中，应当以积极健康的人生价值取向作为情怀底色，以合理的知识结构与经验储备以及勇于开拓的创新精神作为能力底蕴，以刻苦攻坚的顽强意志作为意志底气，强调这些要素的重要意义并着重进行培养。

青年人才评价解决的是人才有没有被评价机制发现以及被选拔机制任用的问题，涉及评价主体、评价标准、评价流程等要素。在传统的评价中，论文数量、项目数量等这些清晰明确的量化指标对于公平公正地选拔人才具有一定的意义，但是定量的标准不一定完全利于创新型人才的评价以及遴选。如何发现遴选以及选拔任用创新型人才，是人才发展治理中用好人才的核心环节。青年人才评价过程是否倾向于发现有创新意识、创新能力的青年人才，直接关系到创新型青年人才的成长与发展。

青年人才激励是指在评价的基础上实施相应的激励措施。科研人员待遇不高、激励不足目前已成为制约青年科研工作者创新，影响科研创新时间的重要因素。科研人员进行创新工作需要适当充足的、持续稳定的物质和精神激励，关键是要健全相应的制度。以创新能力为导向的青

① 靳云全、晏先华：《青年人才资源开发的现实路径》，《中国青年研究》2007 年第 2 期。

年人才激励要求在合理评价的基础上对创新型人才及其创新活动给予相应的激励与支持，从而增强获得感、成就感，鼓励创新型人才的创新创造。

青年人才保障是指基于青年人才在工作、学习以及生活方面的现实需求，在公共服务、发展方面提供基本保障与配套措施。创新需要充足、持续的时间与稳定的收入保障。根据马斯洛需求层次理论，人首先要满足低层次的需求，才能更好地追求更高层次的需求。一些优秀青年人才因住房、子女教育等基本需求焦头烂额，无法全身心投入科研工作。以创新能力为导向的青年人才保障强调给予实施创新活动的创新型人才相应的支持保障。创新需要科技人才持续地投入时间与精力，而科研人员全身心投入创新的前提是没有后顾之忧。创新型人才是否能够得到充足的保障，直接影响着创新工作的进展。

以创新能力为导向的青年人才发展治理应当注重采用科学的教育与研究方法，不断强化对于人才创新意识与创新能力的培养，并且注重创新能力向创新成果的转化。分析以创新能力为导向的青年人才发展治理的过程，能够为进一步培养创新型青年人才、提高青年人才创新能力提供借鉴。

第三节　以创新能力为导向的青年人才发展治理规律

人才如何发展，与人才发展规律、发展环境、发展制度等息息相关。人才发展规律是指对人才发展能够产生客观制约，作用于人才发展全过程的普遍原理或者法则。马克思主义理论认为，事物的发展都需要遵循客观规律。准确把握以创新能力为导向的青年人才发展治理的规律对于正确认识其意义与价值，合理选择治理的内容与方法，提高治理的科学性和有效性，都具有十分重要的意义。以创新能力为导向的青年人才发展治理的规律可以概括为青年人才发展治理的规律、创新型人才成长的规律以及人才创新能力培养的规律。

一　青年人才发展治理规律

青年人才发展治理的规律就是指青年人才发展治理的过程中，为了达到一定的治理目的必须要遵循的一系列规律，是对青年人才发展治理过程中各种本质联系的概括与归纳。青年人才发展治理必须要遵循人才发展的一般规律和青年人才发展的特殊规律。

从人才发展的各个环节来看，人才发展的一般规律主要包括人才开发规律、人才成长规律、人才流动规律、人才需求规律、人才价值规律、人才评价规律。人才开发规律是指将人才当成一种资源进行投资开发时需要遵循的规律，关系到如何针对人才队伍进行整体开发和统筹推进。在市场经济条件下，政府把人才资源作为一种社会资源主动进行投资开发，其中要解决的主要问题和矛盾是投资效益的最大化问题，因而人才开发规律可以概括为人才投资的效益优先规律、人才发展的竞争择优规律、人才开发的供需平衡规律以及人才价值实现规律。① 根据人才投资的效益优先规律，只要坚持优质资源的优先开发、优势时间的优先利用以及高层次创新型人才的优先发展，一定会带来丰厚的投资回报。根据人才发展的竞争择优规律，当同时具备集团竞争和人才流动这两个条件时，集团内部就会形成建立在公平基础上的充分竞争和科学的人才评价机制，从而优化选择机制，使得人才辈出。人才开发的供需平衡规律告诉我们，人才供给和需求的动态平衡是决定经济社会良好发展的重要因素。人才价值实现规律阐述的是人才身上物化的人力资本实现效益最大化问题，关注人的创造力如何得到最大限度发挥。

人才成长规律是指人才资本不断积累释放过程中要遵循的规律，其中最根本的规律是人才在实践中成长。人才成长规律可以归纳为以下六个方面：人才素质全面性规律、内外因共同作用规律、教育优先规律、人才个体差异性规律、实践成才规律、人才成长螺旋式上升规律。② 根据人才素质全面性规律，应当客观看待人才素质的各个方面包括思想品德素质、身体素质、智力素质、心理素质等，看到它们的不同作用与相互联系，不片面夸大某一个因素而否定另一个因素。内外因共同作用规律强调人才成长过程中应注重内在动力的激发和外在有利环境的创设。

---

① 李维平：《市场经济条件下的人才资源开发规律研究》，《第一资源》2012 年第 5 期。

② 全刚：《人才成长规律初探》，《中国人才》2018 年第 5 期。

教育优先规律强调教育对于人才成长的重要作用。根据人才个体差异性规律，人才个体在兴趣爱好、自身特长等方面具有差异，注重因材施教能够促进人才成长。根据实践成才规律，人才的知识经验获得与能力提升都离不开实践，应当重视实践的作用发挥。根据人才成长螺旋式上升规律，人们知识与能力的提升是一个前进性与曲折性统一的过程，在认知完善或能力提升的过程中难免遇到挫折，应当正视困难、勇于克服挫折，最终会实现螺旋式的上升。

人才流动规律是指人才在流动中内外诸因素的一般的、必然的本质联系，是人才流动过程中遵循的基本规律。人才流动会受到社会发展需要、人才自身需要的双重影响。总体来说，人才总是流向条件更好、更能发挥作用的地方。人才经济互动律、人才价值驱动律和人才竞争制动律，是人才流动的三大规律。① 人才经济互动律揭示了人才流动和经济发展之间的相互关系，即人才发展促进人才流动，人才流动也会促进经济发展。人才价值驱动律揭示了人才流动的深层原因与内在动力在于人才自身全面价值的实现。人才竞争制动律揭示了人才流动和人才竞争的关系，即人才竞争必然引起人才流动以及人才的主动流动必然伴随着竞争。

人才需求规律是从需要与满足角度分析人才发展的内在必然性。人才是一种特殊的资源，既是满足社会需求的客体，又是发出社会需求与自身需求的主体。人才发展应当满足社会经济发展需要以及人才自身自由全面发展的需要，这是人才需求要遵循的基本规律。从国家与地区层面上看，人才需求应与经济发展形势和国家战略、地区现实情况相匹配，国家和地区的战略政策制定也应充分考虑人才需求。从组织管理层面上看，人才需求应与企业需求相匹配，有利于研发团队、组织的创新发展，同时企业也应关注个体成长成才的需求。从个人层面上看，人才发展应当充分匹配个体个性特征，在满足个性需求的同时促进人的全面发展。

人才价值规律是指人才价值在使用中不断体现，甚至实现增值的规律。作为一种有高级思维能力的特殊资源，人才在使用过程中的价值不仅表现在体力的强弱和使用时间的长短上，更取决于他们的智力、知识

① 刘文普、邵伏先：《试论人才流动的三大规律》，《中国人才》1994 年第 3 期。

和技能。人才发展始终遵循价值规律，因而在人才发展治理中应当科学合理地使用人才，最大限度地发挥人才价值。

人才评价规律是指在发现、评价人才的过程中应当遵循的普遍规律。人才评价应当遵循全面性、客观性和动态性原则，遵循各级各类人才的发展规律，明确评价标准的功能定位，以公平性为导向建全评价体制，不断提高评价结果的认可度。遵循人才评价规律，在科学评价的基础上进行发现、选拔人才是人尽其才、才尽其用的重要保证。

人才发展的六大基本规律相互作用、相互影响，共同作用于人才开发、培养、使用、评价等不同环节，制约着社会对人才的使用以及人才能力的展现。遵循这些规律有利于促进人才发展，是人才发展治理的必然选择。

除了遵循人才发展一般规律，青年人才发展治理还应遵循青年人才发展的特殊规律。青年人才成长发展规律体系包括青年人才成长发展的最佳年龄律、青年人才成长发展的时势造就律以及青年人才内外因综合创造实践律。[①] 青年人才成长发展的最佳年龄律揭示了人才成才与年龄区间的关系。具体可以概括为，青年时期是人才创造成果的最佳时期，一个人在学习与创造的过程中，在青年时期是最容易取得成果和造就自身成才的。

青年人才成长发展的时势造就律揭示了青年人才成长发展与时代背景之间的关系。俗话说，“时势造英雄”。不同的社会发展时期，社会各方面人才的需要的内容和程度不同，社会发展状况不同，社会竞争程度不同，这就决定了所需要的青年人才数量、规模和构成有所不同，涌现出的青年人才成就、水平和特点不同。

青年人才内外因综合创造实践律揭示了青年人才发展成长中内外因素在实践中的作用与影响。青年人才发展成长受到内外多重因素的制约，其中内因是青年人才发展成长的根本原因，外因是青年人才发展成长的必要条件，外因通过促进内因起作用。在实践中，内外因相互之间互相作用，共同影响青年人才发展，因而创造实践活动是青年人才发展成长

---

① 浦玉生:《青年人才成长发展规律的研究》，《江苏社会科学》1990 年第 2 期。

的关键。

二 创新型人才成长规律

创新型人才成长除了遵循人才发展的一般规律以外，还应遵循创新规律。创新规律包括创新的脑生理规律、年龄规律、群体连锁反应规律、时代影响规律等。创新的脑生理规律从大脑的生理结构方面揭示了创新的规律。人的大脑可以分为左半脑、右半脑、左半边缘系统和右半边缘系统四个部分，各部分之间相互依存和影响，又共同构成一个整体。根据这一规律，创新型人才成长的过程整体上应当是四个部分协调配合、共同开发的过程，但是在一些特定环节，其中一些部分又发挥着主要作用。

年龄规律是指创新有一个最佳或者最适宜的年龄段，在这一年龄段，创新的数量和质量都达到最高水平。研究表明，在一定历史时期内最佳创新年龄区域是相对稳定的。科学学专家对1500—1960年全世界1249位科学家进行研究发现，创新的最佳年龄段是25—45岁，最佳的年龄是37岁左右，首次成名的创新年龄是33岁左右。① 由于专业领域的不同，最佳创新年龄区间也会有所不同，会出现相应的前移或后移，但是一般人才成长都要经过继承期、创造期、成熟期和衰老期四个阶段，其中创造期是贡献于社会最重要的时期。应当注重年龄规律，根据最佳创造年龄区域促进创新型人才的成长。

群体连锁反应规律是指，在一个创新群体中主体之间产生相互影响、促进和启发，从而都取得杰出的创新成就。师生之间天然有着教学互动和密切联系，在创新方面也是如此，师父的德才学识会影响徒弟一方，使得徒弟在学习、创造的过程中能够少走弯路，事半功倍。因此在群体连锁反应规律中，师生连锁反应最为典型。

时代影响规律是指，杰出的创新型人才是时代的产物，离不开时代的发展变迁。总结时代的特征与天才的产生发现，文明盛世是天才产生和发展的社会时代条件，反过来天才的群体发展是世界文明产生的主要主体，支撑了文明盛世的产生和延续。

---

① 郭有遹：《创造心理学》，教育科学出版社2002年版，第231—232页。

聚焦科技领域，创新型科技人才是创新型人才的又一细分类型，具有相应的特殊规律。创新型科技人才发展规律包括创新系统配置规律、创新使用效益规律、创新科技成果滞后性规律。创新系统配置规律是指根据各种手段途径进行协调配置，调整人力资源在各地域、各行业、各部门的分布，使每个劳动者能够人尽其才、才尽其用，并且发挥群体的最佳组合优势的规律。根据这一规律，在人力资源配置中应当争取实现资源的最优化配置，在行业、部门、年龄等各个方向建立最佳结构。

创新使用效益规律揭示了在创新型人才培养、开发、使用过程中的投入与人才劳动成果转化的产出价值之间的比例关系之间的内在联系。在科技人才培养和使用过程中，应当努力使物质和精神方面的投入与科技成果创造转化的经济效益之间的比值达到最优化，把握好“投入”和“产出”之间的比例。

创新科技成果滞后性规律是指科技成果的转换相较于科技人才培养的投入呈现出一定的滞后性。科技人才的培养、使用需要投入大量的人力、物力，同时需要较长的时间，创新性科研成果的转化也需要一定的周期，同时科技人才的成长与科研成果的转化周期也会有所不同，因而科技成果的转化与呈现存在一定的滞后性。

在创新型科技人才培养的过程中应当注重科技创新规律作用的发挥，遵循规律、利用规律。注重协调创新型人才资源的配置，把握好创新投入与创新收益之间的比例关系，也要注意创新科技成果的滞后性规律，给予科技人才充足的时间来进行创新创造所需的前期积累、实施创新创造以及进行成果转化。

三　人才创新能力培养规律

人才创新能力培养的规律是培养创新型人才、培育人才创新能力的过程中应当遵循的必然规律，包括创新特质养成规律、师生互动成长规律、关键时期创新规律、社会文化驱动规律、道德素质养成规律。[①] 创

---

① 李亚员：《创新人才成长规律：一个学术史的考察》，《国家教育行政学院学报》2016年第7期。

新特质养成规律揭示了创新型人才成长过程中逐步形成的共性特征。创新型人才具有一些共同特质，比如强烈的创新意识和创新能力、深厚的专业积累与广博的知识面、敏锐的观察力与洞察力、严谨的原则方法和科学思维能力，创新特质养成规律强调在人才培养的过程中着重培养这些特质。创新型人才诸多特质的核心是创新能力，包括创新意识、创新思维、创新精神等。关注创新特质养成规律，就是要注重着力培养人才的创新特质以提升人才创新能力。

师生互动成长规律揭示了师生之间的互动对于创新能力培养的必然性，这一规律主要关注创新能力培养的外部影响因素。根据师生成长互动规律，由大师级人物带领的创新团队会形成互动创造的良好氛围并带来相应的资源，共同形成创新人才成长的关键外部力量。创新的师徒连锁反应链现象可以作为这一规律的证明。比如，卡尔迪什实验室的汤姆逊（Thomson Joseph John）教授影响和培养了卢瑟福（Ernest Rutherford）教授，而卢瑟福则培养了波尔（Niels Henrik David Bohr）等，最终一共培养了 17 位诺贝尔奖等大奖获得者。在人才创新能力的培养中应当关注师生互动，在协作中互相促进、互相成就。

关键时期创新规律揭示了在创新型人才成长中具有相对关键的一段时期，也就是其创新成果产出的最佳时段。创新能力具有普遍性，不同年龄的人才都有可能实现创新，但同时根据归纳总结，创新也有相应的适宜年龄段。一般来说 30 岁到 40 岁之间是创新型人才快速成长和创新性成果大量产出的关键时期。把握好这一时期，在相应时期提供人才创新创造所需的条件，创设人才成长所需的良好内外部环境有利于人才创新能力的培养。

社会文化驱动规律揭示了创新型人才成长与社会政治经济文化氛围之间的关系。创新型人才成长是在社会中进行的，创新型人才的培养不能脱离外部环境。研究表明“创造性人才的成长需要民主和谐的文化环境、教育环境、所在单位或学校的环境、社会环境和资源环境”①。在创

① 林崇德、胡卫平：《创造性人才的成长规律和培养模式》，《北京师范大学学报》（社会科学版）2012 年第 1 期。

新型人才培养的过程中应当关注社会环境与人才发展的互动，注重良好外部环境的创设，打造利于创新的良好氛围。

创新能力培养离不开个人的意志品质的锤炼，个人良好思想政治素质的养成与创新型人才的培养息息相关。“才者，德之资也；德者，才之帅也”。创新能力强的不一定是“天使”，也可能是“恶魔”，这就需要良好思想政治素质的养成。良好的思想政治素质包括正确的政治立场，坚定的理想信念和良好的道德品质。培养良好的思想政治素质有利于规范创新型人才的思想行为，保障其成为有利于社会发展的人才。

将这五者结合起来会发现，人才创新能力培养的诸规律之间也是有层次的，应在个体层面上关注个人创新特质和良好道德素质的培养，在组织团队层面中关注师生间的良好互动关系的建立，在社会层面关注利于创新的社会文化氛围创设，同时在这三个层面都应关注关键时间点或时间段的把握。

总结而言，人才发展治理是一个复杂的动态过程。人才发展治理遵循着人才发展的一般规律和相应人才类别的特殊规律。青年人才是人才群体中的关键，青年人才发展治理是人才发展治理的重中之重。在创新驱动发展和人才强国战略的大背景下，以创新能力为导向推动青年人才发展治理是历史的必然和时代的选择。

第二章

青年人才发展治理相关理论

青年人才发展治理是一个复杂和动态的过程，既与国家治理、社会治理相互关联，也与个体成长紧密相关。从不同研究层次、不同研究视角给予青年人才发展治理相应的理论解释，可以更好地理解青年人才发展治理与国家、社会和个体之间的关系，为全面分析青年人才发展治理的现实情况、影响因素和优化路径提供理论支撑。

第一节　国家治理理论与青年人才发展

人才发展治理是国家治理的一部分。宏观的国家人才治理理论、马克思人才观、新时代人才观均对人才发展进行了经典的理论阐释。从国家治理的理论出发，分析人才发展治理的历程、作用和方法，对于指导新时代青年人才发展治理具有重要意义。

一　国家人才治理与青年人才发展

党的十九大做出了“人才是实现民族振兴、赢得国际竞争主动的战略资源”的重大判断，党十九届四中全会进一步强调，我国国家制度和国家治理体系的显著优势之一就是“坚持德才兼备、选贤任能，聚天下英才而用之，培养造就更多更优秀人才”，并且要“尊重知识、尊重人才，加快人才制度和政策创新，支持各类人才为推进国家治理体系和治理能力现代化贡献智慧和力量”。党的十九届五中全会提出，“激发人才创新活力，培养造就大批德才兼备的高素质人才”。

“治理”（Governance）是一个源于拉丁文和古希腊文的古老词汇，

原意是控制、引导和操纵。治理在现代社科领域的广泛使用之前基本处于忽视状态，只是偶尔做“统治”意义使用，而后，“治理”被用来描述后殖民地和发展中国家的政治状况。随之，不可逆转的全球化趋势势不可挡，治理也被赋予全球视野，用于全球政治发展的研究。治理理论的领袖人物罗滋（Rhodes）将治理理论分为六大形态：作为最小政府的治理、公司治理、新公共管理的治理、善治的治理、社会调控制度的治理、自组织网络的治理。[①] 与罗滋观点类似的还有赫斯特，他提出了治理的五个类型：其一是善治；其二是国际制度领域的治理；其三是公司治理；其四是与 1980 年代新公共管理战略有关的治理；最后一种是通过协调网络、合作关系、论坛来替代逐渐没落的 1970 年代等级制合作主义。[②] 除此之外，弗里兹（Fritz J.）、乔治·弗里德里克森（H. George Frederickson）等学者对治理的内涵特点、价值取向、治理原则等内容进行了详细的论述。治理概念有着多种定义，要形成对治理概念的一致性认识是一件非常困难的事情。尽管治理理论是多样的，却可以从多样性中找到一定的共识，正如斯托克（Stoker G.）所说，治理观点对于理论的贡献并不在于因果关系分析层次，它也不提供一种规范性的理论。治理观点的价值在于它有能力提供一种有组织的分析框架，据此可理解统治的变化过程。因此，他将有组织的分析框架表述成五个互补而不是竞争的论点。第一，治理指一套出自政府但又不限于政府的社会机构和行为者。第二，治理断定在求解经济社会问题时，各方的界限和责任是模糊的。第三，治理断定涉及集体行动的各机构之间存在相互权力依赖。第四，治理是关于自治、自主的行动者网络的理论。第五，治理认识到办事的能力不在于政府下命令的权力或者政府权威的使用，政府可以使用新工具和技术来掌舵和指导，以增强自己的能力。[③] 对治理理论的论述在西方历史悠久，且形成了丰富的理论基础，治理的概念非常宽泛，

---

① Rohdes R.，“The New Governance: Governing without Government?” *Political Studies*, Vol. 44, No. 4, June 1996.

② Hirst P.，“Democracy through Associations”, Pierre eds.，*Debating Governance*, New York: Oxford University Press, 2000, pp. 13 – 35.

③ Stoker G.，“Public Value Management: A New Narrative for Networked Governance?” *American Review of Public Administration*, Vol. 36, No. 1, Jan. 2006.

在不同治理理论的表述中分别有着非常明晰的观点，同时也具有非常强的影响力。治理理论最开始更多地应用于政府和国家活动，后来随着全球化的发展，治理理论被国际组织使用，目的是在各国实行“善治”以达到世界和平的情境。

在中国，“治理”一词的使用源远流长。古代主要用一个“治”字，有以下三个方面的含义。第一，指国家统治与管理。如“治国无法则乱”（《吕氏春秋·察今》），“治大国若烹小鲜”（《老子·六十章》），“治国之道，必先富民”（《管子·治国》），“为无为，则无不治”（《老子·三章》），“修身、齐家、治国、平天下”（《礼记·大学》）。这里的“治”都是指“管理、统治”，是其最原始和基本的意思，主要反映统治者与被统治者的关系。第二，指秩序安定，天下太平，与“乱”相对应。“国治而后天下平”（《礼记·大学》），“明于治乱”（《史记·屈原列传》）。这里的“治”都是指政治社会的秩序稳定。第三，指整顿与训练。“治其大礼”（《周礼·大宗伯》），“今治水军八十万众，方与将军会猎于吴”（《三国志·赤壁之战》），该层含义在当下日常政治社会生活中时常可见，如综合治理、治理整顿、专项治理等。关于“治理”，最早出现在中国古代战国末期：“明分职，序事业，材技官能，莫不治理，则公道达而私门塞矣，公义明而私事息矣。”（《荀子·君道》）在这里，“治理”的含义是指国家统治机构有效地运用政治权力来巩固政权的一种方式。

其实，“人才发展治理”是“国家治理”的重要组成部分。所谓“国家治理”，就是在理性政府建设和现代国家构建的基础上，通过政府、市场、社会之间的分工协作，实现公共事务有效治理、公共利益全面增进的活动与过程。[①]“国家治理”作为一种政治实践，在其过程中人才扮演推动者和执行者角色。中国“人才发展治理”的概念起步较晚，2016 年 2 月中共中央印发的《关于深化人才发展体制机制改革的意见》，在文件的指导思想中首次提出“构建科学规范、开放包容、运行高效的

① 薛澜、张帆等：《国家治理体系与治理能力研究：回顾与前瞻》，《公共管理学报》2015 年第 12 期。

人才发展治理体系，形成具有国际竞争力的人才制度优势”[①]。“人才发展治理”的提出，反映出党的人才工作从“管理到治理”的理念转变，这之于我国人才发展现代化进程是具有里程碑意义的重大事件。人才发展影响着国家治理现代化的方向引领、路径选择等。“人才发展治理”是治理理论在人才领域的应用，主张将人才发展有机嵌入外部社会的大系统之中，强调以质量和效益为重心，促进多元主体参与，注重过程互动，突出要素协作，最终目标是实现善治。[②] 人才的发展不只局限于对“人才”这一概念的认知、表达、定义，还包括与人才相关的外部社会环境、政治、经济交互作用下的系统管理。在国家治理和社会系统中实现对人才发展治理的目标，是善治的基本表现。

在中国，“人才发展治理”的发展大致经历了三个阶段。第一，人才发展的“单一计划式”治理阶段（从改革开放初期到2002年党的十六大召开之前）。在这一阶段，以人事、科技部门为代表，政府作为单一化治理主体，以传统计划式管理模式，按照统一“干部”身份管理科技人才、技术人才群体。第二，人才发展的“分工赋权式”治理阶段（从党的十六大到2012年党的十八大召开）。这一阶段我国人才发展治理的方针、内容、规则和运作体系明确健全，形成了战略导向、任务导向、分工导向的赋权型、参与式治理部署和立体化分工式治理图景。第三，人才发展的“统筹协调式”治理阶段（从党的十八大召开至今）。深化人才发展体制机制改革，提升人才发展治理水平成为这一时期的工作主线，涉及职称改革、人才评价、人才流动、知识价值激励、成果转化和经费改革、事业单位人才创新创业等。我国人才发展治理的这三阶段彰显了我国人才队伍建设的伟大成绩，同时为人才治理现代化积累了丰富的理论和实践经验。“人才治理”要坚持在党管人才原则的框架下，充分发挥市场配置人才资源的决定性作用，优化人才工作中政府、市场、社会的关系，着力解决好我国人才发展中不平衡、不充分问题，人才工作推动中的不协调、不匹配的问题，以及与创新驱动、高质量发展的协

---

① 《关于深化人才发展体制机制改革的意见》，《人民日报》2016年3月22日。

② 徐军海：《构建现代人才发展治理体系的逻辑与路径：基于“主体—要素—过程”分析框架》，《江海学刊》2020年第3期。

同性偏差问题，进一步调动和增强各类人才创新发展活力，形成“聚天下英才而用之”的人才治理模式和运行机制。[①]

人才治理理论对青年人才的发展具有十分重要的意义，青年人才是人才队伍的主力军。中国人才发展治理的经验亦表明，青年一代的理想信念、精神状态、综合素质是一个国家是否具有发展活力的重要体现，也是一个国家是否具备核心竞争力的重要因素。人才发展治理的重要对象就是青年人才，重要任务就是充分培养好、利用好、发展好青年人才，为社会主义现代化贡献力量。

二　马克思人才观与青年人才发展

马克思主义人才观是马克思主义创始人及其继承者对人才问题的一系列看法、观点、原理和理论的总称，是马克思主义理论在人才领域的充分运用和集中体现。在马克思那里，“人才”是指那些反映时代要求并推动历史进步的人，他们在知识、才能、品质等方面具有较高的素质，因而在物质生产活动与精神生产活动中做出的贡献较大。按照马克思的看法，那些凌驾于人民群众之上的达官显贵以及脱离实践斗争而闭关书斋的迂腐学究，并非人才的真正肖像。人才只能来自人民群众，或者说，正是在人民群众创造历史的伟大实践中，才产生出类拔萃的佼佼者——人才。[②] 在马克思看来，人是历史的产物、是社会关系的总和，人才的发展推动着历史的进步，指引着文明发展的方向。

马克思时代的人才和马克思意义上的人才与现代的人才含义存在分歧，马克思的理想是实现人人自由而全面的发展，因此人人是人才；在现代意义上被认可的人才是拥有一定的专业知识或技能，在某一领域具有过人能力进行创造性劳动并对社会做出贡献的人。然而，在马克思生活的年代，人才的巨大作用在引领第一次科技革命的英、法等国家中鲜明地呈现出来。“正是由于这种工业革命，人的劳动生产力才达到了相当高的水平，以致在人类历史上破天荒第一次创造了这样的可能性：在

① 孙锐、吴江：《创新驱动背景下新时代人才发展治理体系构建问题研究》，《中国行政管理》2020 年第 7 期。

② 于翔、赵晓晨：《马克思的人才思想及其现实指向》，《新疆社会科学》2017 年第 2 期。

所有的人实行明智分工的条件下，不仅生产的东西可以满足全体社会成员丰裕的消费和造成充足的储备，而且使每个人都有充分的闲暇时间去获得历史上遗留下来的文化—科学、艺术、社交方式等中一切真正有价值的东西；并且不仅是去获得，而且还要把这一切从统治阶级的独占品变成全社会的共同财富并加以进一步发展。”① 显然，现代意义上成为人才的成本和代价更高，并且成为人才的道路可能会实现不自觉地人的分类，在科学发展十分迅速的今天，人才的作用和价值也会更加突出，对人才的要求也会更高。马克思将人的发展分为三个阶段，人的发展的第一个阶段出现在社会分工产生之前，那时生产力低下，社会关系比较原始，个体没有相对的独立性，而是直接依附于社会共同体。人的发展的第二个阶段出现在社会分工之后，人们具有了个体所具有的相对独立性，社会形成了普遍的物质变换、全面的关系、多方面的要求及整体的能力体系。人的发展的第三阶段是人的发展的最高历史形态，这一阶段是建立在个人全面发展及其共同的社会生产能力成为他们的社会财富这一基础上的自由个性阶段，在那里每个人的自由发展是一切人的自由发展的条件，这是人的发展最理想的状态，不可能很快在全社会范围内实现。② 所以在马克思眼里，人才的发展着眼于每个人的自由发展需要，人民群众的根本利益代表着历史发展的方向，人才的素质和认知着眼于人民群众的根本需要。

在马克思看来，人才首先是一个有生命的人。马克思在《德意志意识形态》中指出：“全部人类历史的第一个前提无疑是有生命的个人的存在。”③ 人无论从事何种劳动、何种生产，生命是首要条件，人的生命活动是一切其他活动的基础。因此，青年人才的生命健康是青年人才为社会主义现代化建设作贡献的生命基础。马克思认为人的基本属性是自然属性，一个人要存在着、生活着，就必须到自身以外的自然界去改造自然，获得“吃、穿、住”等方面的生活必需品。青年人才的发展同样如此，美好精神生活的追求首先需要考虑客观实在，具体的、客观的、

① 《马克思恩格斯选集》第 3 卷，人民出版社 2012 年版，第 199 页。

② 姜永禧：《从马克思论人的全面发展看人才的发展》，《人才资源开发》2013 年第 12 期。

③ 《马克思恩格斯选集》第 1 卷，人民出版社 2012 年版，第 146 页。

有生命力的人是青年人才的基本要求。

其次，人在劳动和社会活动中得到不断的发展。马克思认为劳动创造了人本身，一般劳动是一切科学工作、一切发现、一切发明的初始状态，劳动使人再生产整个自然界，劳动是创造一切财富的源泉。青年人才需要通过劳动来创造满足自身物质需求的价值，需要通过劳动搭建同他人的关系，同时也需要通过劳动来建立属于自己的地位，发挥自己的功能和作用。劳动是人作为社会人的基本方式，但劳动的一切形式都需要在社会中完成。在《关于费尔巴哈的提纲》中，马克思得出了人的本质经典表述与科学论断："人的本质并不是单个人所固有的抽象物。在其现实性上，它是一切社会关系的总和。"① 人的本质是由社会关系决定的，人才是在社会关系中发展的人，人才在社会关系中从事生产活动。马克思说任何人都是"经济范畴的人格化，是一定的阶级关系和利益的承担者。……不管个人在主观上怎样超脱各种关系，他在社会意义上总是这些关系的产物"②。青年人才的发展与培养需要在社会中完成，同时青年人才自己也需要在社会中找到属于自己的定位，并为之劳动奋斗。

再次，人是生产的要素。在《哲学的贫困》中："在一切生产工具中，最强大的一种生产力'是革命阶级本身'。"③ 一切物质资源在转化为生产力时只是被动的，并且首先是被人类所掌握和利用，但人才具有能动的创造性，这种创造性不仅开发利用物质资源，而且还决定了经济发展的速度和深度。在物质资源日益稀缺的情况下，其他生产要素对经济发展的边际效用呈下降趋势，人力智力就显得极其宝贵。潜力无限的人才超越了物质资源的有限性。青年人才的发展在经济发展迅速、创新性不足的现代社会中更是需要担当起生产要素的责任，不仅在物质资源的转化中发挥主观能动性，更需要以创新性的方式从事生产活动追赶时代的快速发展。

最后，人发展的目标是自由而全面。人不仅是劳动者，而且是社会历史活动的主体。在人类社会由低级向高级发展的过程中，人类自身也

① 《马克思恩格斯选集》第 1 卷，人民出版社 2012 年版，第 139 页。
② 《马克思恩格斯全集》第 42 卷，人民出版社 2016 年版，第 16 页。
③ 《马克思恩格斯选集》第 1 卷，人民出版社 2012 年版，第 274 页。

在不断地克服他人的力量，最终从必然王国走向自由王国。在《1844 年经济学哲学手稿》中，马克思区分了四种类型的共产主义，提出“人以一种全面的方式。也就是说。作为一个完整的人占有自己的全面的本质”。后来他又指出：“一个种的全部特性，种的类特性就在于生命活动的性质。而人的类特性恰恰就是自由的自觉的活动。”① 马克思人的全面发展就包括人的全面发展包括人的潜力、能力、自由和社会关系的发展，且这个主体是全社会的成员人的，而发展途径便是生产劳动。总之，自由全面发展理论为人才的培养和成长指明了方向和路径，是马克思主义人才思想体系的理论归宿，对青年人才的发展具有十分重要的意义。

马克思的人才思想是马克思理论体系的重要组成部分，马克思把人的发展作为其理论的出发点和落脚点，因此人才思想贯穿马克思理论体系的始终，是马克思理论体系的重要支撑。马克思人才思想在中国发展与实践，为中国人才发展的现状提供了审视的视角，也为中国人才发展的困境提供理论和实践对策。于此，马克思人才思想与中国实际相结合的探索也创新发展了马克思人才思想。

三 新时代人才观与青年人才发展

人才发展事关民族兴盛，国家富强，是国家、人民都关心的重大战略问题，人才已经成为中华民族伟大复兴的中流砥柱。新时代人才观强调了人才发展与国家建设之间的关系，强调了人才发展与民族复兴、国家富强的关系，人才的发展离不开国家的支持。新时代人才观立足于世界百年未有之大变局，高度重视人才培养，在继承发扬马克思主义人才理论基础上，提出了一系列创新性的人才观点和思想，形成了科学严谨的理论体系。科学阐释了“为什么培养人才”；“培养什么样人才”；“怎样培养人才”和“为谁培养人才”等问题。

首先，新时代人才观诠释了人才培养的目的，回答了“为什么培养人才”的时代之问。习近平总书记指出：“实现中华民族伟大复兴是一

① 《马克思恩格斯全集》第 42 卷，人民出版社 1979 年版，第 96 页。

项光荣而艰巨的事业，需要一代又一代中国人共同为之努力。”[①] 国家综合国力的提升，经济文化的繁荣，都离不开人才的推动，人才是解决我国社会主要矛盾、民族复兴的关键。“办好中国的事情，关键在党，关键在人，关键在人才。”[②] 中国共产党执政能力的提升需要人才的发展。新时代，我们党面临着国内外的复杂形势，在新形势下担负着维护国家安全、社会稳定和人民安康的责任与使命，中国共产党的领导能力、执政能力、公信力需要人才来提升。人才发展也是全社会人实现自由而全面发展的重要一步，习近平总书记指出“人的全面发展、全体人民共同富裕取得更为明显的实质性进展”[③]。同时，人才的发展是社会发展的必然要求，人才要实现自身发展就要将个体置身于社会发展建设和各种社会关系之中，用自我的才能推动国家的发展、民族的复兴，实现共同富裕。

其次，新时代人才观诠释了人才培养的标准，回答了“培养什么样的人才”的历史之问。要以“德才兼备、以德为先”为标准，践行“爱国、敬业、诚信、友善”[④] 的价值要求，“坚持以理想信念为核心，抓住世界观、人生观、价值观这个总开关”[⑤]，还要从实践创新中检验人才。青年是我们党、国家各项事业发展的有生力量和优势所在。习近平总书记对青年人才的标准和培养等方面提出要求，“有信念、有梦想、有奋斗、有奉献的人生，才是有意义的人生”[⑥]，勉励青年道：“中国梦是我们的，更是你们青年一代的。中华民族伟大复兴终将在广大青年的接力奋斗中变为现实。”[⑦]

---

① 中共中央文献研究室：《十八大以来重要文献选编》（上），中央文献出版社 2014 年版，第 84 页。

② 习近平：《就深化人才发展体制机制改革作出重要指示强调：加大改革落实工作力度让人才创新创造活力充分迸发》，《人民日报》2016 年 5 月 7 日。

③ 《中共中央关于制定国民经济和社会发展第十四个五年规划和二〇三五年远景目标的建议》，人民出版社 2020 年版，第 5 页。

④ 《习近平谈治国理政》（第一卷），外文出版社 2018 年版，第 169 页。

⑤ 中共中央文献研究室：《十八大以来重要文献选编》（上），中央文献出版社 2014 年版，第 579 页。

⑥ 《习近平谈治国理政》（第一卷），外文出版社 2018 年版，第 175 页。

⑦ 中共中央文献研究室，《十八大以来重要文献选编》（上），中央文献出版社 2014 年版，第 277 页。

再次，新时代人才观诠释了人才培养的方法，回到了“怎样培养人才”的战略之问。习近平总书记认为，一个成熟的领导者是善于培养人才的，因为是否重视培养人才是关系百年大业是否后继有人的问题。培养人才，一要精心扶植；二要严格要求；三要大胆使用。[①] 党和人民的事业需要人才，所以党需要培养人才。人才的培养需要不断完善人才选用体系，不断创新人才培养模式。要“适应国家和社会需要，遵循教育规律和人才成长规律”，“探索多种培养方式，形成各类人才辈出、拔尖创新人才不断涌现的局面”[②]，逐步打造人才集聚的人才洼地，不断改革完善人才工作的体制机制，为我国人才的发展创造良好的环境。

最后，新时代人才观诠释了人才培养的服务对象，回答了“为谁培养人才”的人民之问。党的十九大报告明确提出，党的初心和使命“就是为中国人民谋幸福，为中华民族谋复兴”，“永远把人民对美好生活的向往作为奋斗目标”。[③] 实现中华民族伟大复兴的中国梦是全体中国人民的梦想，实现这一梦想的关键主体在于人民，人民是历史的创造者，是真正的英雄，因此要坚持以人民为中心的发展思想。人才来源于劳动实践的人民，来源于历史发展中的人民，人才从人民群众中来，又服务于人民群众。

新时代人才观体现了“以人民为中心”的核心理念，始终注重激发人才的个人发展潜力，积极营造有助于人才更好发展和发挥作用的各类环境。习近平总书记尤其注重对青年人才的培养，因为实现中国梦的伟业较之以往更需强大的科技创新力量做支撑，青年理应走在创新创造前列。[④] 除了对青年科技人才的重视，对青年干部的培养也应尤其关注。培养选拔青年干部是事关党的事业薪火相传和国家长治久安的一项战略

① 习近平：《摆脱贫困》，福建人民出版社 1992 年版，第 32 页。

② 《国家中长期教育改革和发展规划纲要（2010—2020 年）》，人民出版社 2010 年版，第 37 页。

③ 中共中央党史和文献研究院：《十九大以来重要文献选编》（上），中央文献出版社 2019 年版，第 1 页。

④ 习近平：《在同各界优秀青年代表座谈时的讲话》，《人民日报》2013 年 5 月 6 日。

任务，面对十八大所确定的目标，尤其需要建设一支高素质青年干部队伍。[①] 新时代人才观集中体现了新时代中国共产党人在人才问题上的根本态度和立场，为社会各类人才的发展提供理论指导，尤其是为青年人才的发展提供方向指引。

第二节　社会治理理论与青年人才发展

从治理理论、马克思人才观和新时代人才观研究人才发展是一个宏观的视角，从社会环境、社会互动、组织管理和人力资源等中观视角研究人才发展是青年人才发展研究的另一路径。

一　社会环境与青年人才发展

良好的社会环境是人才成长的摇篮，良好的社会环境会加速人才成长和提高人才的水平，要培养和造就中华民族伟大复兴事业需要大批创新人才，就要千方百计营造优良的社会环境。一般而言，环境是指人自身以外的全部因素。主要包括两方面的含义：一是指环绕所辖的区域；二是指围绕着人类的外部世界，可以说，环境是人类赖以生存、发展的社会和物质条件的综合体。社会环境通常是指在自然环境的基础上，人类通过长期有意识的社会活动所创造的人工环境。[②] 社会环境是一个十分丰富的概念，不仅包括物质环境如城市、工业、农业、医疗等在内的“硬环境”，还包括大脑意识之内的精神因素的“软”环境；不仅包括国家、家庭、单位等内部环境，还包括与此相对的国际、海外、家庭之外、单位之外的外部环境，也包括个体成长过程中的政治环境、经济环境、文化环境、政策环境、舆论环境、制度环境等。法国史学家丹纳从种族、环境、时代三原则出发，认为精神文明的产物和动植物界的产物一样，只能用各自的环境来解释，他提出“作品的产生取决于时代精神的周围的风俗”的规律，认为与大自然的气候相类似，人类社会也有一种‘精

① 习近平：《建设一支宏大高素质干部队伍，确保党始终成为坚强领导核心》，《人民日报》2013年6月30日。

② 齐秀生：《社会环境与人才》，齐鲁书社2005年版，第4—5页。

神气候'，'精神气候'会影响人才类型"。这里的"种族""环境""时代"和"精神气候"在某种意义上讲都是指社会环境，都会对人才成长产生重要影响。[①]

人一来到人世就进入了环境系统，就开始和环境结成密不可分的关系。因此，任何人的成长和发展都离不开一定的环境。环境为人才的成长提供条件，人才通过自己主观能动性的发挥，认识和改造环境，为自己的进一步发展创造更好的条件。人才和环境相互制约、相互影响。人和环境之间的矛盾运动，使二者都得到改变。[②] 社会环境对于人才的发展至关重要，社会环境铸就人才的发展。社会环境造就人才，但社会环境并非一开始就有，社会环境也需要人来造就。齐秀生认为，人才改变现状就是在创造社会环境，人才选择成长的机遇就是在创造社会环境，人才选择有利地域就是在创造社会环境，人才选择知己者就在创造社会环境，人才适应成长的环境就是在创造环境，人才进入创造—成长—创造的良性循环状态，就是在不自觉中创造社会环境。[③] 社会环境可以创造，但是创造社会环境的规律需要人去把握，只有充分把握创造社会环境和人才成长的规律，才能创造出培养人才的良好环境。

社会环境影响青年人才的发展，从宏观环境上讲，经济环境、政治环境和文化环境三个既相互影响又彼此独立的子系统对青年人才发展的影响尤为明显。经济环境具有优先地位，决定着青年人才发展的生存条件和物质基础，也决定着政治环境和文化环境的基本内容。政治环境处于社会宏观环境的中间层次，政治环境为社会性存在的人提供具体社会规则和制度，以及人需要遵循的基本的社会秩序，同时积极选择或维护现有的经济文化环境。文化环境是社会宏观环境的核心，它既以思想的形式表达社会宏观环境的核心内容，又内化在经济和政治环境中，发挥其价值导向作用。从微观环境上看，家庭环境、单位环境和学校环境对青年人才的成长影响更为突出。或许在三个不同的子系统在青年人才发

---

① 王通讯：《人才学通论》，转引自齐秀生著、中国人才研究会编《选贤用才》，党建读物出版社 2016 年版，第 359 页。

② 罗洪铁主：《人才学原理》，四川人民出版社 2006 年版，第 37 页。

③ 齐秀生：《浅议社会环境与人才》，《中国行政管理》2005 年第 10 期。

展的不同阶段发挥作用的权重不同，但不可否认的是每一个子系统都是青年人才发展所必须经历的环境，且每一个子系统当中的成员的素质，环境的物质条件、精神环境的健康状态都对青年人才的成长影响深刻。例如，家庭成员的素质。遗传学证明人类的基因具有自我复制的能力，家庭成员的素质会遗传复制至下一代，直接导致人才素质的先天性差异，在成长过程中家庭成员的文化、道德素养也潜移默化地影响着人才的发展。人才成长的家庭物质环境也直接制约着为人才提供教育的能力与程度，制约着人才成长的需求层次，对人才成长的自信心树立、自主意识的培养等影响深刻。除此之外，家庭的精神环境对人才成长发展也十分重要，家庭精神氛围直接影响人才的心理情绪、心理素质和心理健康，家庭精神环境所蕴含的文化氛围、文化传统、文化素养是人才价值观念和理想道德形成的核心要素。

二　社会互动与青年人才发展

社会互动的概念分为广义和狭义。广义的社会互动包括个人之间、群体之间和个人与群体之间的互动。从狭义上讲，社会互动也称社会相互作用或社会交往，是指个人对他人采取社会行动或对方做出反应进行的社会行为过程，也叫人际交往。① 社会互动的概念在社会学、教育学、心理学中广泛应用，但研究对象和研究重点各有不同。“社会互动”，即社会相互作用，是指在一定的社会关系背景下，人与人、人与群体、群体与群体等在心理、行为上相互影响、相互作用的动态过程。互动论是社会学中的一个颇引人注目的理论视角，它研究人们如何在日常生活中进行交往。② 社会互动理论强调人与人之间的关系，人与人之间的相互影响，但社会互动理论的作用更多在于理解社会互动对个体或群体产生的影响，并以此为人的发展提供更好的互动环境、互动平台和互动策略。

社会互动理论包含符号互动、社会角色互动、社会交换等范畴。西

① 姚宇编著：《从实证主义到实用主义的社会分析》，中国经济出版社 2019 年版，第 320 页。

② 蔡芳萍、王洪斌：《基于社会互动理论的高校发展路径研究》，《大庆社会科学》2011 年第 4 期。

方符号互动论的创始人、美国社会学家乔治·赫伯特·米德（George Herbert Mead），其《心灵、自我和社会》（*Mind*, *Self and Society*）一书揭示了符号（语言）是心灵、自我和社会形成及变化的工具。他将“符号”定义为能够有意义地代表其他事物的事物。互动双方基于自己的处境，能够进行符号沟通时，社会互动才能顺利进行。之后，赫伯特·布鲁默（Herbert Blumer）和托马斯·库恩（Thomas Samual Kuhn）继承发展了米德的符号互动理论，开创了两个学派：芝加哥学派和衣阿华学派。角色互动其实是符号互动的一个延伸，是米德符号社会互动理论中的一个重要概念，角色理论是一种社会学理论，研究人们在社会中的角色地位和社会角色期望如何影响人们的态度和行为，这是一个试图解释人们的行为，并根据他们的地位或身份揭示规则的研究领域。社会交换理论认为，社会交往的本质是人与人之间资本和惩罚的交换过程。这种交换行为不仅存在于社会买卖关系中，也存在于人际交往过程中。社会互动理论用自己的范畴解释人与人之间的关系，人与人之间互动的本质，这对建立良好的社会互动有着十分重要的意义。

社会互动是青年人才发展必不可少的社会活动，社会互动理论为青年人才的发展提供理论支持。互动指人与人之间基本的社会交往活动，是人与人、人与社会环境的一种行动系统，也是人与社会环境之间一种相互作用、相互建构的关系。青年人才与社会其他个体和群体的互动可以理解为人际互动与对话的过程：青年人才通过互动实现个体知识的扩充、心智模式的改变、新的意义的生成；青年人才通过人际互动与交往，在他人的影响下，积极吸纳他人优点并不断建构自身角色，青年人才在社会互动中发现自我、发展自我、提升自我，青年人才通过符号互动、角色互动、社会交换来达到认识自我、感知自我、升华自我。

三 组织管理与青年人才发展

所谓组织，就是把分散的人群集合成一个有系统性的整体，使之发挥超过个体简单相加的力量。组织管理依据管理主体的不同，划分为国家组织管理和社会组织管理。社会行政管理是指国家政权机关依据法律和政策，运用各种手段，对社会组织、个人、社会活动进行指导、调控，使社会系统协调、稳定、有序地发展。社会组织管理是指社会组织、群众团体根据社区公约、组织章程、活动计划，对一定范围或方面的社会生活、社会活动和社会关系进行指导、约束和协调，包括企业组织管理、自发性自愿组织管理、基层组织管理等。社会组织管理的发展影响着青年人才的发展潜力、发展方向、发展动力。企业组织管理的发展影响着青年人才的工作环境、工作态度和工作能力。基层组织管理的发展影响着青年人才的成长环境、成长格局和生活环境。组织管理对于青年人才管理的重要性在于凝聚有共同志向的青年人才，管理不同特点的青年人才，任用有能力的青年人才。凝聚青年人才涉及组织管理中人才发展方向的引领、人才平台的搭建、人才氛围的营造。组织管理归根结底是对人及其行为的管理，组织管理理论的主体是管理组织系统的管理者及其所管理的组织管理系统。人才管理是研究人才管理活动中基本规律和一般方法的学问，其目的在于人才与工作的协调，使人才有工作，工作有人才，人才尽其用，工作成其功。人才管理的根本目的在于最大限度地调动一切人才的积极性和创造性，做到人尽其才，才尽其用，获得最佳的人才效益。而人才管理的科学化，则是实现人才“最佳”效益。

在我国传统的管理概念中，往往习惯于强调“战略决定组织，组织选择人员”。以此相应的人力资源管理模式便具有以下特征：人适应战略，而非战略适应人，人比战略的适应性强。组织在制定战略时通常假设人才是很容易获取的，是很容易改变和改造的，却极少考虑人与战略是双向作用的。组织在选择人才的过程中，其实人才也在选择组织。人才是流动的，可以选择在不同的组织中发挥自我的才能与作用。人才流动对组织的选择在某种程度上反映了人才个人对生活的态度和对事业的追求。每个人对生活的理解和对事业的追求是有差别的，人才流动的组织选择也是这种理解和追求的一种表现。① 人才在不断更新自己的组织选择时，是根据自我需要和社会发展而做出的调整，这意味着人是变化的、发展的，与之相契合的组织也应该随人才的发展而变化。

在国家与社会关系的调整中，社会组织的专业化发展是核心问题，

① 武博：《中国人才资源流动的组织选择研究》，《软科学》2005 年第 6 期。

特别是社会组织能否吸纳专业人才。中国治理主体的复杂性和发展路径的转换反映了中国社会组织改革的总体特征：从政府主导到多元共治，社会组织不仅是公共生产组织，也是政府合作治理的伙伴，社会组织管理受到不同社会力量融合的影响。到底是什么原因影响了专业人才进入并留任社会组织？从社会解释角度来看：一是宏观视角的社会组织治理本体的存在价值；二是社会组织从业人才的劳动管理特性；三是转型期社会组织人才就业结构的变动；四是微观视角的传统人力资源管理困境。[①] 社会组织治理与国家治理理性合作，相互补短是中国治理现代化发展的现实路径，但事实上，两者的结合并非一定相互补短，也可能存在合作冲突，这就需要合理的人才发展机制，青年人才发展正处于目前社会组织合作治理新常态形式下，建立良好的社会组织合作治理制度将有利于推动青年人的就业，同时青年人才的加入也能为社会组织合作治理带来新的发展活力。

企业组织管理对于青年人才的发展有着重要影响。在市场经济环境中，企业之间的竞争本质上是技术水平和经营水平的竞争，归根结底是人才的竞争。第一，企业受产品的研究、开发和设计需要人才；第二，科学技术越来越成为企业竞争的核心，必须不断地进行技术革新、技术引进，这就要求企业有目的、有计划、有步骤地培养企业内的各类人才，或从外引进专门人才来开发先进技术和使用先进设备；第三，经济结构多元化使人才开始成为商品在市场上流动，人才固定化格局被打破，人才流动受人才经济互动律、人才价值驱动律、人才竞争制动律等影响，需要企业制定相应的人才政策以吸引各类人才。现代企业的发展离不开对人的管理和对物的管理，对物的管理其实也离不开对人的活动的管理，所以现代企业都非常重视人才的发展和人才战略的布局，注重人才、吸引人才、任用人才是企业发展的大前提，而任用人才涉及的人才选拔制度、人才奖励制度、人才激励等制度对青年人才的发展尤为重要。青年人才正是企业人才战略的中坚力量，企业的发展需要青年人才以蓬勃的

① 陈书洁：《合作治理中社会组织吸纳专业人才的制度环境与路径分化》，《中国行政管理》2016 年第 9 期。

战斗力量、新兴的科技力量、活跃的思维来推动企业的进一步革新与发展，与此同时，企业人才的战略也影响着青年人才的发展活力、发展潜力和发展效力。企业的人才发展战略为青年人才的就业提供广阔的前景，也为青年人才在企业工作搭建好优秀的人才发展平台，营造好人才发展的氛围。

青年人才的发展离不开组织管理，良好的组织管理机制激发青年人才发展的潜力，无论是国家治理、社会组织管理、企业组织管理还是基层组织管理对于青年人才的发展都十分重要，组织管理与人才发展是一种相互影响的过程，若两者深度融合，将呈现良性循环发展的态势。

四 人力资源与青年人才发展

第一次正式提出“人力资本”这个概念，是美国经济学家沃尔什（Walsh）。他于1935年出版了《人力资本观》一书，在该书中，他从个人教育费用和个人收益相比较来计算教育的经济效益。但真正形成比较完善的人力资本理论是20世纪60年代，其代表人物主要是舒尔茨（Theodore W. Schultz）、贝克尔（Gary S. Becker）和阿罗（Kenneth J. Arrow）。20世纪50年代，西奥多·舒尔茨利用计算机计算各个要素对经济增长率的贡献进行深入研究，发现在经济增长过程中，资本、劳动、土地等有形的要素贡献所占的比重不大，有很多“余差”却找不到主。那么这个“余差”到底是什么样的贡献呢？他认为，教育在这个“余差”中占有很大的量。于是在1961年，他发表了著名的《人力资本的投资》，指出，人力素质的改善要经由正规教育、成人教育、在职教育、健康与营养的增进，从而促进一国经济增长，因此，舒尔茨被西方学术界誉为“人力资本之父”。1964年，贝克尔的代表作《人力资本：特别涉及教育的一项理论与经验分析》一书发表，此书被西方学术界视为“经济思想中人力资本投资革命”的起点，贝克尔对人力资本的理论分析分成两个主要层面：人力资本投资对收入的影响和人力资本的回报率。并运用定量研究的方法，从微观层面的人力资本对收入的影响因素和影响人力资本回报率的因素进行研究，在建立和完善人力资本理论体系过程中，产生了比较深远的影响。

人力资源理论认为，一个国家的资源开发，不仅包括自然界的物质资源，人本身也是一种资源，而且是更为珍贵的资源。因为物质资源开发无论是从广度还是深度上，都有赖于人的智慧和能力；人才，故而理所当然地成为经济社会发展的第一资源。对于青年人力资源的开发，不同学者有不同的解决之道。黄志坚认为，在21世纪，青年人力资源的自我开发之方和青年成才之道需要注重四个方面：一要体察知识经济时代的人才需求；二要树立终身学习的观念；三要注重创造力的开发；四要注意情商的培养。[①] 相比于从青年个体发展角度开发青年资源，也有学者认为应从国家战略入手，重视对青年人才的开发。例如，曾燕波认为新经济时代应积极实行人才战略，大力开发青年人力资源，全面提高劳动者素质，努力形成人力资源优势。改革开放以来特别是近十年来，我国积极实施科教兴国战略和可持续发展战略，大力发展教育事业，努力开发青年人力资源，逐步加大对教育的投入[②]，这是经济时代我国青年人力资源开发的主要方向。与此同时，虽然我国青年人才的开发取得了伟大的成绩，但是我国青年人才也存在闲置现象，从资源管理和资源利用的角度来看，青年失业的直接结果表现为青年人力资源的闲置。适龄的青年劳动力如果不能及时就业，不仅不能为社会创造价值和财富，反而还要消耗和分享别人的劳动成果。青年失业已成为社会问题，“校漂族”“傍老族”“海待族”等新生词汇，生动地描述了这一部分青年的现实生存状态。他们处于失业或待业状态，这是对社会资源的闲置和人力资源的极大浪费。[③]

人力资源开发是对个体综合劳动能力的培养、改进与作用发挥的过程。青年人力资源开发主要是针对处于青年阶段的个体而言。人力资源开发的核心作用在于它能够为社会的发展提供必要的人力资本，而青年人才是社会发展的主力军，青年是开发人力资源的最大群体。青年是我国劳动力中的骨干力量，总量也最大。新经济时代所需要的人才多集中在年轻一代，特别是在金融、财会、证券、投资、计算机、传播、广告

① 黄志坚：《人力资源开发与青年成才》，《中国青年政治学院学报》2002年第2期。
② 曾燕波：《新经济条件下的中国青年人力资源开发》，《中国青年研究》2003年第4期。
③ 黄东梅：《青年人力资源闲置现象分析》，《中国青年研究》2005年第7期。

等行业，这是我国国情的一个特点。① 青年人力资源有诸多潜力，青年党政人才、青年企业经营管理人才、青年专业技术人才、青年高技能人才、青年农村实用人才、青年社会工作人才等领域的青年人才已经为中国社会发展做出了卓越贡献，但随着新型科技和时代的发展，青年人才发挥自己的优势不断探索，在一些时髦的领域更是发挥了不可替代的作用，例如，"互联网+""区块链""元宇宙"等。

在现代社会，人力资源的开发已经成为推动经济发展和社会进步的重要动力和源泉，青年人才亦是推动社会进步和经济发展的重要人力资源。中国社会发展的实践也证明，中国青年在近现代中国社会变革和发展中起着重要的推动作用。

第三节 个体成长与青年人才发展理论

宏观和中观的视角研究人才发展理论，更多的是为青年人才发展提供理论支持和方向指引，若从微观视角研究青年人才发展，主要是落实到个体自身层面，研究人才激励对于青年人才发展的作用与价值，再从个体的个人成长、职业成长角度和健康心理等方面对青年人才发展做适宜分析。

一 人才激励与青年人才发展

心理学研究表明，动机是行为的内在动力。人类行为的差异源于内在动机的差异。人与人之间动机的差异导致了不同的、具体的、有目的的和有意识的行为，人不同的内在需求导致了不同的动机。人之所以有一定的动机，是由于某些无法满足的内在需求，激励过程便是促使获得内部需求满足的过程。加里·德斯勒（Gary Dessler）认为激励是对需求被满足的一种反应。弗洛姆（Erich Fromm）认为，动机是一种控制人类或低等生物在自愿活动的替代形式中做出选择的过程。莱曼·W. 波特

① 黎陆昕：《关于青年人力资源开发的思考》，《山东省青年管理干部学院学报》2003年第5期。

（Lyman W. Porter）认为，动机的概念有三个共同特征，即动机试图解释的是：是什么激励人类的行为，行为的方向或路径是什么，以及如何维持行为。总之，不同学者对激励的理解各不相同，但是从激励的过程分析，可将激励分为内容激励、过程激励、强化激励和综合激励四种类型。

内容型激励主要研究的是激励的需求和激励要素。主要关注在激励过程中，怎样刺激人才未被满足的需要。内容型激励着重关注个体的需求动机对行为的影响，主要包括美国社会心理学家亚伯拉罕·马斯洛（Abraham H. Maslow）的人的需求层次理论、美国心理学家赫茨伯格（Fredrick Herzberg）的双因素理论、美国心理学家奥尔德弗（Clayton Alderfer）的 ERG（existence、relatedness、growth）理论、麦克利兰德（David C. McClelland）的成就需要理论、哈克曼（J. Richard Hackman）和奥德海姆（Greg R. Oldham）的工作特性模型等。马斯洛的需求层次理论一经提出就被广泛应用于各类人的激励实践中，该理论认为，人的需求有五种类型：生理需要、安全需要、社交或情感需要、尊重需要、自我实现需要。生理需求是最基本的需要；安全需要包括人身、财产和职业安全；而社交需要更加注重社会交往和情感交流；尊重的需要分为两个部分，一部分是自己对自己的认可和尊重，另一部分是希望得到他人的尊重和认可；自我实现的需要包括发挥自身潜能、实现自己的理想和抱负、使自身在某一领域得到成长与发展。当然，需要的层次是多样的，但是这些需要的产生才能形成激励的空间。赫茨伯格的双因素理论批驳了马斯洛的需要层次论。他认为人的积极性的影响因素有两类：第一类属于保健因素，包括工资待遇、规章制度、领导能力、工作氛围、人际环境等，这些都不是激励因素，只能平息人们的抵触情绪，保持原有的热情。另一类属于激励因素，包括组织对个人的关注和认可、工作过程的充实和愉悦、工作的崇高价值、工作目标的挑战性和对个人成就的需要等，这些因素具有激励人向上、激发人潜能的作用。奥尔德弗的 ERG 理论对马斯洛的需要层次论进行了修正。他将五个层次的需要紧缩为三个层次的需要，称其为生存（existence）、相互关系（relatedness）、成长（growth），缩写为 ERG 论。人类的需求并非都是天生的，有些需求是后天养成的，人不是只有一种支配性的需要，他能同时满足许多紧急需要，人的需要不是直线上升的，它们可能后退，也可能跨越。麦克利兰德在吸收马斯洛需求层次理论后，对需求理论进行了修正，认为人的基本需求主要有成就需求、权力需求和情谊需求三种，其中成就需求的强弱对于一个人、一个企业、一个国家的成长和发展有着特别重要的作用。内容型激励理论对青年人才的激励具有较强的理论借鉴价值，青年人才的发展处于人才发展管理的初级阶段，一定程度的激励对青年人才的发展往往事半功倍。

对过程激励理论与内容激励理论进行比较，内容激励理论解决了什么是激励的问题，而过程激励理论则主要研究从需要到激励的过程，激励如何产生现实的具体行为，以及这一过程产生的行为结果。弗洛姆的期望理论、亚当斯的公平理论，都可以归结为过程型激励理论。弗洛姆认为，个体采取某种行为的根本原因在于其行为可以达到预期结果，同时这种结果对他要有较大的兴趣和价值。换句话说，个体动机的激励程度取决于对实现结果的期望，以及个体对自己的努力是否有意义以满足其需求的判断。只有当人们预期他们的行动将有助于实现一个目标，并且这个目标是有吸引力时，他们才会被激励去采取特定的行动。在进行激励时一定要处理好三个关系：努力与绩效、绩效与奖励、奖励与个体需要之关系。[①] 亚当斯（John Adams）发表的《公平释义》《社会交换中的不公平》等论文集中阐述了公平理论的主张。公平理论的根本观点是劳动报酬的激励力量不是来自金钱、货币的绝对值，而是源于社会比较的相对值。个体不仅注重自己的绝对报酬数量，更重视自己的投入与所得与其他人的投入和所得相比较的结果。公平感可以创造一种满足感，并激励人们进步。不公平感会使人抱怨、沮丧，并容易采取懒惰、被动的破坏性行为。过程激励在青年人才发展中更加注重人才激励的方法，从行为的结果分析行为的原因而找出行为的目的，这样可以根据人才的不同类型更好地、个性化地激励青年人才。

强化激励是一种侧重于分析外在因素对人的行为影响的激励理论。

① 张宁：《过程型激励理论在高校教师管理中的应用》，《徐州师范大学学报》（哲学社会科学版）2012 年第 4 期。

它旨在探讨外在因素对人类行为的作用过程。强化激励理论的代表人物是美国心理学家斯金纳（Burrhus Frederic Skinner），在他看来，人在一定范围内就是一套物理系统，人的行为具备了物理状态的维度，满足了科学方法介入人的行为分析的可能。人不是常识观念中的自主人，在一定程度上是受控者，内在的动因只能提供虚假的解释，无助于了解一个真实的人。当作为个人对环境发生行为并产生结果时，如果他们的需求能够得到满足，这种行为就会增加；反之减少。由此，个体可以通过控制相关强化物来控制自己的行为，并寻求对行为的调整和改造。强化是斯金纳从生物学家巴甫洛夫理论中借用来的一个概念，但又赋予了其新的内涵。斯金纳认为，人的行为分为应答性行为和操作性行为两种，根据强化物的性质，他将强化分为正强化和负强化两种形式，其中正强化也称为积极强化，负强化也称为消极强化。正强化是指由于一件刺激物对个体做出某种反应后而增强该个体行为的现象，这时候，刺激物也称为正强化物。负强化是指由于一件刺激物对个体做出某种反应后而削弱该个体行为的现象，这时候，刺激物也称为负强化物。这两种强化在我国人才管理中都有广泛应用。

人才的激励是一个综合性的过程，并不是单方面的影响，其中涉及激励内容、激励制度、目标设置、组织分工、公平考核等一系列的综合因素。波特和劳勒的激励模型就是典型的综合型激励理论，波特和劳勒主要在弗鲁姆的期望理论基础上引申了一个更为完善的激励模式。在该模式中，努力取决于报酬的价值和人们所感觉到的努力与报酬之间的关系。人才是否能实现目标，主要取决于努力程度、是否具备从事某一特定任务的能力，同时人才在实际工作中取得的成绩使他能更好地了解努力与报酬之间的关系。由此可知，青年人才的激励也是一个综合性的过程，无论是内容型激励、过程型激励还是强化型激励都是综合型激励的一种表现，在对青年人才实施激励行为时，多重因素综合性考虑才能达到最佳激励效果。

二　职业成长与青年人才发展

人才成长的规律虽然不同于自然规律，但是在人才成长过程中也有几个“关节点”。人生之途路漫漫，但紧要之处常常只有几步。这几步走好了，对人才的成长至关重要，对其终生都会发生深刻的影响。这并不是说人才可以侥幸取得成功，无须终生努力。只是说，在人才终生不懈的奋斗中，无论是人才自身还是人才管理者，都尤其要注意把握住人才成长过程中的几个转折点——“关节点”。从人才开发的角度看，人才处在潜人才阶段的被发现，从而获得进一步发展的条件，这就是人才成长过程中一个重要的关节点，是发现人才的一个重要环节。

阿吉里斯（Argyris）在研究组织制度和个体的冲突时提出，职业成长是一种个体对组织从依赖转向独立的过程，意味着个体在组织中的职业发展趋向成熟和独立。费尔德霍芬（Veldhoven）等认为，职业成长包含了职业成长机会，是组织给予员工的一种非经济性报酬。格雷恩（Graen）则从个体价值创造的角度出发给出了职业成长的定义，认为职业成长指的是个体在价值不断提升的工作之间流动和转换的速率。维尔（Weer）认为，职业成长衡量的是员工在组织内所收获的诸如经验的增长、工作挑战性的增长等使得职业得到成长的机会。20 世纪末，随着知识经济的飞速进步，企业发展发生了翻天覆地的变化，个体和组织之间的关系得到了根本性改变。德菲利皮（Defillippi）等提出了“无边界职业生涯”的概念，认为个体可以跨越组织边界寻找符合自身的职业路径发展新契机，个人职业的变化和工作流动性在职业生涯无边界化时代已经成为普遍现象。[①] 总体来说，职业成长包括四个维度：职业技能发展、职业目标进展、组织内晋升情况和报酬增长情况，每一个职业成长的概念都与个体自身发展息息相关。

影响职业成长的因素也是一个十分丰富的变量，从个体差异分析，性别、工作状态、受教育水平、工作年限等社会人口统计学变量会对组织内职业成长产生显著影响。从个体特质分析，五大人格、核心自我评价、主动性人格、自我效能感、个人成长动机在内的个体特质以及生涯规划、职业探索等个体行为也同样会影响员工的组织内职业成长。从组织管理实践分析，组织所提供的支持和资源对员工职业成长有着积极影

① 陈晓暾、葛雅利：《职业成长研究述评与展望》，《领导科学》2019 年第 22 期。

响，例如职业咨询可以推动个体在组织中的职业成长，组织的培训项目、声望与职业成长机会呈显著正相关。此外，组织氛围也能够直接影响组织内职业成长，或是通过影响其他因素间接作用于职业成长。从组织环境分析，不同组织的文化环境、制度环境、工作环境、舆论环境对职业成长起着潜移默化的影响。从非智力因素分析，动机、兴趣、意志、素养、性格、品质等虽不参与职业成长，但是对职业成长的认识起着制约作用，对人才的成长具有定向、引导、维持、调节和强化等多方面的作用。从智力因素分析，包括分析性智力、创造性智力和实践性智力，其中分析性智力是进行分析、评价、判断或比较和对照的能力，也是传统智力测验测量的能力创造性智力是面对新任务、新情境产生新观念的能力，实践性智力是把经验应用于适应、塑造和选择环境的能力。职业成长的影响因素与青年人才的发展的影响因素相似，从职业成长的影响因素就可以得出，青年人才的成长在个体上存在差异，组织的管理也会影响青年人才的成长，但如果个体或组织管理得当，该影响会呈现正相关趋势；反之则负相关。智力因素和非智力因素都在显性或隐性地影响青年人才的发展，因此，如何在青年人才的发展中充分利用好、发挥好人才的智力，就需要综合性地探讨影响人才智力的因素，因材施用。

同时，职业成长影响的结果也是多元化的。第一，职业发展影响员工的工作态度。职业成长对员工工作态度的影响主要包括工作满意度和组织承诺。职业成长可以理解为心理契约隐含的雇主承诺的履行，它对员工的组织承诺有正向影响。第二，职业成长影响工作行为，职业发展良好的员工会表现出更多积极的态度和行为。在职业成长中，职业目标进步和职业能力发展对工作投入有正向影响，而组织报酬增长对工作投入有负向影响。第三，职业发展影响工作结果。组织的帮助和支持会鼓励人回报组织的思想和行动，职业成长满意度会促进员工对组织的情感承诺，进而影响员工的知识转移。职业成长有利于工作与家庭的相互促进，可以进一步提高员工的工作满意度，降低员工的离职倾向。[①]

职业成长与青年人才的发展息息相关，职业成长中的经历在一定范

① 陈晓暾、葛雅利：《职业成长研究述评与展望》，《领导科学》2019 年第 22 期。

围内决定着青年人才的发展广度、发展高度和发展空间，良好的职业成长会促发优秀的青年人才。

三 健康心理与青年人才发展

每一个时代都有自己时代的鲜明特征，时代特征总是和人才素质相互呼应。人类文明的发展变得越来越快，人类生活的高度现代化使人们不得不面临残酷而激烈的竞争。当前我国正处于社会转型期，各种各样的社会现象给正在成长之中的青年人才带来各种心理压力。由此，人们开始受到焦虑、抑郁等各类心理疾病的侵袭。具有健康的心理是现代人适应社会生活的基本要求。[①] 健康的心理和健康的自我意识对青年人才的发展十分重要。

拥有健康心理是青年人才的根本素质。健康心理的形成需要心理建设和心理辅导，良好的心理建设是青年人才具备健康心理的保障，良好的心理辅导可以为青年人才拥有健康人格提供支持。心理健康相对的参照系是正常，即心理健康的理想状态是以有无心理疾病为准的；而“正常”这一概念不论对于整体还是个体都是有阶段性的，因为一个人随时可能产生不良心境，所以个体的心理健康也不是一条直线。要区分心理正常与异常尚无一个适用于任何人的任何情境的心理健康的标准，因为人的心理世界是复杂多样的，即使一个健康的人，也可能有突发性、暂时性的心理异常。因此，每个人随时随地都可能产生心理问题，评价一个人是否心理健康，常用的方法是心理测验，即根据心理学家编制的有关量表所测验的结果进行论断。总之，自我感觉存在情绪困扰的人以及他人感觉行为异常的人应该说不是一个心理健康的人。[②] 健康的心理建设需要良好的心理健康教育，例如心理情绪教育、环境适应教育、人际交往教育、婚姻心理教育、性教育等。青年人才的发展处于整个人生工作的初始阶段，有较大的工作压力和其他的人生压力，此时青年人才的情绪会处于比较紧绷的状态，情绪波动性较大、不稳定，而良好的心理

① 白圣豪：《论健康心理与现代人才素质的关系》，《中国成人教育》2013 年第 23 期。
② 贺淑曼等：《健康心理与人才发展》，世界图书出版公司 1999 年版，第 12—13 页。

健康教育和心理辅导有利于青年人才健康心理、健康人格的形成。

拥有健康的自我意识是青年人成长的首要因素。自我意识是个体意识发展的高级阶段，是人的心理健康的标志，也是人类特有的“专利”。自我意识的形成和发展是人类区别于动物的一个重要标志。在个体发展史中我们可以看到：自我意识的形成和发展是从生理自我经过社会自我发展到心理自我。这一过程也是人类进化和演变的过程。自我意识就是“认识自己与对待自己的统一”，自我意识是意识的一种形式，只是自我意识的对象是个人自己。从一般意义上讲，所谓自我意识是指个体对自己的各种身心状态的认识、体验和愿望，以及对自己与周围环境之间关系的认识、体验和愿望，它具有目的性、社会性、能动性等特点，对个体的人格形成、发展起着调节、监控、矫正的作用。①

青年的自我意识一般都会经历分化—统一—再分化—再统一的过程，朦胧的青年在成长过程中会经历“我”的分化过程，笼统的“我”被分化成“现实我”和“理想我”。青年追求理想和抱负，但尚不能以丰富的经验和过硬的能力来处理各种困难，因此自身条件与理想的差距，即“理想我”与“现实我”的冲突给他们带来了很大的痛苦与烦恼，这是青年自我意识矛盾最集中、最突出的表现。自我意识的矛盾冲突所带来的痛苦不安会促使青年不断寻求自我意识的统一。这种统一主要指理想我与现实我的统一，也表现为自我认识、自我体验、自我控制的和谐统一。这种统一的表现是多样的，或积极的或消极的。积极的统一表现为自我肯定，即对现实我的认识比较清晰、客观、全面、深刻。自我建立的理想比较现实，符合社会需要，通过自我努力和团结能达到积极向上。统一后的自我完整而强大，既满足了社会发展的需要，又有利于自身的成长。消极的统一有两种情形，即自我否定型和自我膨胀型。自我否定是指对现实自我评价低，缺乏自我控制能力，缺乏自信，不仅不接受自己，而且拒绝自己，甚至摧毁自己，即个体不肯定自己的价值，处处与自己为敌。自我膨胀的青年对现实我的认识和评价过高，虚假的理想我占优势，认为理想我的实现轻而易举，于是理想我和现实我达到虚假统

① 贺淑曼等：《健康心理与人才发展》，世界图书出版公司1999年版，第35页。

一。膨胀型自我和消极型自我的共同特点是对自我评估不正确，理想自我不健全，缺乏实现理想自我的手段，形成后的自我虚弱而不完整，是一种不健康的统一。他们不是通过积极地统一，其结果则更为自卑，从而失去进取的动力。

健康心理对青年人才的发展十分重要，健康心理能保障青年人才在遇到困难和挫折时不会轻易迷失，为青年人才应对各种压力提供强大的心理素质。健康的自我意识能使青年人不断对自己形成清晰的自我认知，青年人才在成长过程中不断积累经验，不断更新自我认识、不断突破自我，更好地适应职场、适应社会。

第三章

以创新能力为导向的青年人才发展治理现状

1977 年，邓小平首次提出了“尊重知识、尊重人才”的号召，为形成良好的人才发展治理格局吹响了号角。1978 年，中共中央做出“知识分子是工人阶级的一部分”的重大论断，下发《关于落实党的知识分子政策的几点意见》，标志着知识分子这一人才群体重新获得了政治上的认同和思想上的解放。改革开放后，随着全球化进程的不断推进，世界各国的竞争日益变为人才的竞争。我国人力资源开发不断取得重要成就，但是对于青年人才发展治理，出现了诸如体制机制不顺不活、结构布局不优、作用发挥不充分等突出问题。青年人才是我国人才队伍中的中坚力量，国家对于青年人才发展的治理统一于人才队伍建设中，与经济体制改革转型的过程密不可分。随着以公有制为主体、多种所有制经济共同发展的基本经济制度的形成，市场在资源配置中的地位得以确立、巩固和强化，青年人才发展治理大体从党管干部拓展到党管人才，走出了一条符合中国国情、具有中国特色的青年人才发展治理道路。

第一节　青年人才发展治理的历史沿革

伴随着社会主义市场经济体制的确立与完善，我国青年人才发展治理与政治体制改革、经济体制改革、社会体制改革和文化体制改革等密切相关。其中主要受到经济全球化和社会主义市场经济导向的影响，以解决社会主义初级阶段的主要矛盾为目标，坚持“德才兼备、以德为先”的人才选拔原则，在不同的历史时期不断地演变、发展和完善，既与改革开放相适应，也融入了现代化的治理元素。

一 改革开放初期到党的十六大

马克思主义人才观最基本、最核心的观点是实践造就人才，对于整个国家的人才队伍建设而言，实践是人才理论发展、人才发展政策制定的根本遵循。改革开放初期，面对着由于“文化大革命”造成的人才断层、人才匮乏和人才老化问题，尤其是党政干部队伍老龄化和知识水平偏低，不利于党领导社会主义现代化建设的任务。邓小平高瞻远瞩，对于选人用人提出了“四化”的标准，“中国要出问题，还是出在共产党内部。对这个问题要清醒，要注意培养人，要按照‘革命化、年轻化、知识化、专业化’的标准，选拔德才兼备的人才进班子”[①]，首先解决人才队伍建设中的接班人的问题。“年轻化”就包括了对青年干部和人才的选拔标准和培养目标。实现四个现代化，离不开青年人才这一支中坚力量，如果没有他们的加入，“搞四个现代化就会变成一句空话”[②]。

青年人才是社会主义现代化建设事业取得胜利的重要保证。如果“让老人、病人挡住”了青年人才，那就“不只是四个现代化没有希望”，甚至“可能要亡党亡国”。[③] 不能挡住青年人才的路，要把培养青年人才的工作提上日程。邓小平把挑选接班人的问题与青年人才成长发展联系在一起，提升到治党兴国的战略高度，成为确立青年人才在现代化建设中的战略地位的政策依据。同时，他赋予了青年作为接班人的责任和使命，为青年人才指明了奋斗目标和发展方向，激励有志青年成才。这一时期，党中央在选拔、培养、评价、激励青年人才发展的各个环节提出并实行了一系列重大举措，恢复高考制度，加大基础教育、继续教育、职业教育等的改革和建设力度，提出了“有理想、有道德、有文化、有纪律”四有新人的人才培养目标，按照“德才兼备”的标准选拔培养青年人才，坚持五湖四海，任人唯贤，大力清除青年人才选拔培养的障碍，建立了顾问委员制度，自上而下为青年人才晋升留出空间。提

① 《邓小平文选》第3卷，人民出版社1993年版，第380页。
② 《邓小平文选》第2卷，人民出版社1994年版，第221页。
③ 《邓小平文选》第2卷，人民出版社1994年版，第397页。

出通过教育实现青年人才创新能力的培养，树立了“面向现代化、面向世界、面向未来”的青年人才培养的目标指向，主要培养青年人才“勇于思考、勇于探索、勇于创新”的品格。

在政府的大力推动下，地处东北地区的沈阳市出现了新中国第一个人才中介服务机构，随后全国其他城市相继出现人才服务机构。1989 年第一次全国人才流动工作会议在山东召开，明确提出建立人才流动市场机制的思路，我国开始逐步形成人才市场。这种人才服务机构有着显著的特征，那就是由政府人事部门组建，政事合一、政企合一，而且带有计划经济的烙印。在人才市场还没完全成熟的时期，政事合一、政企合一的管理格局能够发挥政府的决策作用。从 1978 年到 1985 年，正规高等院校的学生人数增加了一倍多，由 62 万人上升到 170 万人，研究生招生人数显著增长。自 1981 年实行学位制度开始，到 1989 年，14 万名硕士毕业生和 4610 名博士毕业生取得学位证书。关于高层次人才的培养教育，政府主导建立培养制度，早在 1985 年建立了博士后制度，并且发布实施《国家科委、教育部、中国科学院关于试办博士后科研流动站报告》。此后的两年时间，国务院、国家科委、公安部、商业部、中央职称改革领导小组、全国博士后管委会共发布了 19 项有关博士后建设的政策文件，规范了博士后招收的规模、学科分布、申办博士后流动站的设站单位资格，明确了博士后研究人员的工资及福利待遇、住房标准、户口及配偶、子女的户口解决办法，博士后出站时的工作安排方案等，初步建立起我国博士后发展的政策体系。在青年技术工人和职业能手的培养及教育方面，无论是城镇还是农村，一批批项目落地生根，开花结果。1988 年在青年工人中实施的“青年星火带头人”项目反响良好。青年人才为“东西互助”和“脱贫致富小开发”项目谋划了 700 万个项目。在广大农村，大力开展以勤劳致富报告团和发展青年专业户、科技示范户为内容的“一团两户”活动，在此基础上建立了青年经济联合体，形成了青年人才的创新发展模式。

20 世纪 90 年代，为了培育科技人才和市场经营管理人才，国家提出培养跨世纪的青年学科带头人，并且设立制订了国家杰出青年科学基金计划（“百人计划”），随之又设立了“千人计划”青年项目。我国一系列重要的人才政策和制度建设工作有序进行。如允许人才合理流动、推进企事业单位分类人事管理、引进外国人才智力、恢复发展职称和职业资格、对专业技术人才由身份管理转为岗位管理、恢复和建立院士制度与国务院特殊津贴制度、推进国有企业市场化选人用人。

这一时期的青年人才发展治理主要看身份和“编制”，是否有“干部”身份和固定的“编制”，予以计划式的传统行政管理。符合机关、企业和事业单位不同特点的科学的分类管理体制开始建立，适应这种管理变化的管理机构开始建立并运转，国家人事部（局）、劳动人事部等专门人事人才机构应运而生，人事人才管理的规范化、科学化、专业化程度提高。尤其是对于青年科技人才的管理和培养，国务院专门恢复了科学技术干部局，而且成立国家人事局专门管理技术干部，形成了以科技部门和人事部门为主要职能部门的科技人才管理格局。如果从青年人才发展治理主体而言，这一时期的治理主体是单一的，基本是以政府为主，治理的方式是传统的计划式管理。治理的对象以青年科级干部和青年专业技术干部为主，治理手段以常规化、职能化的人事“管理”为主，强有力的管控与当时的社会经济发展阶段相匹配。以干部身份治理青年人才成长发展，奠定了我国青年人才发展治理的起点和雏形。实践证明，改革开放初期的青年人才发展治理实践，极大地促进了青年成长成才，调动了青年人才参与改革开放与现代化建设的积极性。1985 年 1 月，来自中央国家机关的一百多名青年人才会聚北京科学会堂，讨论人事制度的改革问题，积极建言献策。

二　党的十六大到党的十八大

进入 21 世纪，党和国家高度重视人才工作，并将人才工作与党建工作有机结合起来，将其作为党的建设的重要内容。2001 年我国正式加入世界贸易组织（WTO），这对于中国经济和社会的发展带来了前所未有的机遇和挑战，是青年人才在经济全球化的浪潮中学习科技革命的成果，运用科技革命的技术手段不断创新，提高国际竞争力的有利时机。面对日益扩大的对外开放，以及发达国家利用各种手段吸引我国人才外流，市场导向型的人才竞争体制日益形成。针对见物不见人和重使用、轻培养等问题，江泽民丰富和发展了邓小平关于“科学技术是第一生产力”的思想，提出“人才资源是第一资源”的思想。“要树立全面的人才观，克服人才单位、部门所有的狭隘观念。要广纳贤才，知人善任，既重视有所成就的人才，也关注具有潜能的人才；既重视国内人才，也积极吸引海外人才；既重视国有企事业单位的人才，也要把民营科技企业、受聘于外资企业的专门人才纳入视野。要按照全面发展的要求，提高人才自身的思想道德素养和科学文化素质，充分发挥人的主观能动性和创造精神。”① 2002 年，中央组织召开全国组织工作会议，提出了“党管人才”的原则，又将人才工作与干部工作结合起来。党的十六大在“两个尊重”的基础上拓展为“四个尊重”，即尊重劳动、尊重知识、尊重人才、尊重创造。至此，人才、组织、干部工作全面系统地结合起来，由党的组织部门统一管理和协调。“党管人才”成为中国人才制度的最大亮点，是中国在国际竞争中赢得主动权的制度优势之一。中共中央、国务院下发的《2002—2005 年全国人才队伍建设规划纲要》提出实施“人才强国”战略，将人才工作及青年人才工作上升到国家战略的高度，提出开发利用国际国内两个人才市场、两种人才资源，紧紧抓住培养人才、吸引人才、用好人才三个环节，着力建设党政人才、企业经营管理人才、专业技术人才三支队伍，为改革开放和现代化建设提供坚强的人才保证，还提出了努力实现干部人事制度和人才管理体制改革，以取得新进展的目标。

2003 年，第一次全国人才工作会议召开，会议提出必须坚持“党管人才”的原则和科学人才观，切实加强对实施人才强国战略的组织领导。《中共中央、国务院关于进一步加强人才工作的决定》以法律法规的形式确立了“党管人才”的原则，再次明确了三支人才队伍建设的问题，其主要任务是培养造就一大批素质优良、勇于创新的青年人才，并且提出了青年人才的重要来源是高校毕业生。“青年学生富有想象力和创造力，是创新创业的有生力量。”② 同年，中央人才工作协调小组成

① 《江泽民文选》第 3 卷，人民出版社 2006 年版，第 319 页。

② 习近平：《习近平致 2013 年全球创业周中国站活动组委会的贺信》，《人民日报》2013 年 11 月 9 日第 1 版。

立，中央组织部人才工作局设立，“党管人才”有了专门的领导机构和具体制度安排；着力完善机制，培养企业经营管理人才素质能力。为了利用好国内国际两个人才市场，提高国有企业的竞争力，从2004年开始，在国务院国有资产监督管理委员会的组织下，国有企业大范围公开招聘海内外高级经营管理者。一些有创造能力、战略决策能力的青年人才通过招聘考试担任国有企业的高层管理者，如中国航空集团公司、中国电子科技集团、中国化工建设总公司等，这些国有企业由此形成适应现代企业制度要求的选人用人新机制。在农村实用人才队伍建设方面，2006年，中组部联合人事部（人力资源和社会保障部）、共青团等多部门组织实施高校毕业生“三支一扶”计划，引导和鼓励高校毕业生到基层历练，增长才干和本领，为促进农村基层教育、农业、卫生、扶贫等社会事业的发展、建设社会主义新农村和构建社会主义和谐社会做出贡献。对于两年服务期满的优秀青年人才，给予其优先选拔晋升、继续深造等政策支持。

2007年，人才强国战略被写入党的十七大报告和新修订的党章中，标志着人才工作上升到的党和国家战略层面。为适应新的形势，党中央提出了科学人才观，强调人人可以成才，要创造人才辈出的生动局面。至此，我国确立了人才管理体制的总体框架，并形成了组织和制度方面的保障。到2010年，第二次全国人才工作会议召开，《国家中长期人才发展规划纲要（2010—2020）》应运而生，实施“青年英才开发计划”等12项重大人才工程。在自然科学、哲学社会科学和文化艺术等重点学科领域，每年重点培养扶持一批青年拔尖人才，在高水平研究型大学和科研院所的优势基础学科建设一批国家青年英才培养基地，选送优秀毕业生到国外一流大学深造。2011年年底，《人才队伍建设专项规划》印发，18个经济社会重点领域人才规划编制工作全部完成。全国许多省（区、市）及县（市）出台了人才发展规划。从国家人才发展规划的颁布到各省（区、市）、县（市）等人才发展规划的落地，逐渐绘制了一张人才强国的“路线图”。青年人才发展随之也进入一个战略规划、优先发展、整体推进的新的历史阶段。2012年中央出台《关于进一步加强党管人才工作的意见》，强调了“切实发挥用人单位主体作用，调动社会各方面力量参与人才工作”的重要性。

党的十六大到党的十八大期间，我国青年人才发展治理的主要领导机构是中央人才工作协调小组。在遵循社会主义市场经济规律，以市场经济体制为导向的前提下，采取分工赋权的方式，把青年人才发展治理的权限下放给更多的地方和单位，促进各部门之间的分工合作与协调，以实现创新型青年人才的选拔、培养、评价、激励机制的完善。这一时期，市场导向型和国家战略需求型的青年人才发展治理特征表现得更为明显，初步形成了“政府宏观调控、市场有效配置、单位自主用人、人才自主择业”的人才管理体制。① 经济发展方式的转型促进了产业结构的优化升级，对于创新型青年人才的培养及教育提出了新要求。战略型新兴产业、先进制造业和现代服务业的开发急需紧缺的各类创新型科技人才和应用型人才，围绕建设创新型国家，把培养造就创新型科技人才，尤其是世界一流的科学家和科技领军人才摆在更加突出的位置，统筹推进6支人才队伍建设，尤其是青年人才队伍的建设，形成以创新型人才培养为先导，以应用型人才开发为主体，各类人才队伍建设统筹推进的总体布局。

三　党的十八大以来

随着新一轮科技革命和产业革命不断发展，我国已经进入高质量发展阶段。然而，发展不平衡不充分的问题比较突出，创新能力还远远不能满足高质量发展的要求。“青年是社会上最富活力、最具创造性的群体，理应走在创新创造前列。”② 习近平总书记一贯重视青年人才的发展，他将青年人才的命运与时代的发展和国家的命运融合在一起，“青年是标志时代的最灵敏的晴雨表”③，创新、协调、绿色、开放、共享的新发展理念同样适用于青年人才的发展。2014 年 8 月，关于如何落实创新驱动发展战略，党中央从大力引进青年科技人才的视角予以强调。

① 郭庆松：《人才发展——突出问题及对策研究》，人民出版社 2018 年版，第 244 页。

② 中共中央文献研究室编：《十八大以来重要文献选编》（上），中央文献出版社 2014 年版，第 279 页。

③ 习近平：《青年要自觉践行社会主义核心价值观》，《人民日报》2014 年 5 月 5 日第 2 版。

2015 年 11 月，为形成具有国际竞争力的人才制度优势，党的“十三五”规划建议稿提出新的目标和任务，“深入实施人才优先发展战略，推进人才发展体制改革和政策创新”，在国家层面首次提出人才优先发展战略。2016 年 3 月，中共中央印发《关于深化人才发展体制机制改革的意见》（以下简称《改革意见》）。《改革意见》提出“构建科学规范、开放包容、运行高效的现代人才发展治理体系”“让人才创新创造活力充分迸发”。《中长期青年发展规划（2016—2025 年）》从与青年人才成长及发展相关的十大领域出发，主要包括教育、思想道德、就业创业、文化、健康、权益保护、婚恋、社会融入与社会参与、社会保障、预防犯罪，提出具体发展目标，列出实施办法，从根本上回答我国青年如何发展的问题。围绕实施创新驱动发展战略，以及十八届三中提出的“建立集聚人才体制机制，择天下英才而用之”的目标要求，提出了转变政府人才管理职能，保障和落实用人主体自主权，健全市场化、社会化的人才管理服务体系，以加强人才管理法制建设等人才管理体制改革为重点，从顶层设计的层面开始注重人才管理体制与市场经济的适应度。

在党的十九届四中全会，国家制度和国家治理体系 13 个方面的显著优势被提出来，在人才队伍建设方面的优势就是要“坚持德才兼备、选贤任能，聚天下英才而用之，培养造就更多更优秀人才的显著优势”。党的十九届五中全会提出，到二〇三五年基本实现社会主义现代化远景目标，要坚持创新在我国现代化建设全局中的核心地位，把科技自立自强作为国家发展的战略支撑，进入创新型国家前列，实现关键技术和核心技术的重大突破。现代化强国建设要求进一步解放和增强人才活力，让人才释放出更强效能，青年人才是推动科技创新、实现科技自立自强的重要主体，这就要求我国构建更高效的人才发展治理体系。

现代人才发展治理体系治理主体主要是与人才发展、人才建设、人才使用相关的“主导主体”“现实主体”和“自我主体”。“主导主体”是各级党委和政府，在党中央和国家治理层面主要涉及人才建设全局性、战略性和系统性重大问题，各省（市）主要用于解决政策、计划、规划等布局性、政策性问题。中央陆续出台了《关于加强新形势下引进外国人才工作的意见》《关于深化职称制度改革的意见》《关于分类推进人才评价机制改革的指导意见》《关于鼓励引导人才向艰苦边远地区和基层一线流动的意见》等系列文件。"现实主体"包含市场主体、社会组织主体。发挥市场主体在人才资源配置中的决定性作用，通过行业协会、专业组织，社会组织主体对人才发展治理进行调节和监督。"自我主体"是人才使用单位和人才自身，他们是各项政策、制度的执行者。现代化人才发展治理体系的治理方式是区别于传统官僚治理的互动式、融合式的"网络化"治理方式。这种"网络化"不是"互联网"化，而是将治理的主导主体、现实主体和自我主体置于治理体系的网络中，建立起治理主体间的网络关系和关联，构建出治理主体与治理客体之间的"图谱关系"，在构建多中心布局、多层级结构和网络化关联中实现优化现代化人才发展治理体系。

党的十八大以来，在"聚天下英才而用之"的指导思想的指引下，党和政府统筹运用系统思维和辩证方法，对青年人才发展进行源头治理、依法治理和系统治理。源头治理的核心和目标则是价值，即"以青年人才为中心"，关注青年人才成长发展所需。传统的人才管理讲究的是以效率为追求的目标和衡量的标准，忽视了其中最主要的主体——人，把人才是第一资源和以人民为中心有机结合起来，坚持市场在人才资源配置中的决定性作用，同时不能忽略政府的宏观调控与主导，以及社会的积极参与。尊重青年人才成长的规律，在设置评价指标和激励政策时，要以青年人才全面发展和健康成长为价值本位。党的十八大以来，在全面依法治国建设进程中，各级政府制定并出台了一系列有关青年人才成长发展和创新能力培养的法律规范及文件政策，营造出青年人才成长的法治环境，激发了青年人才创新的活力。青年人才发展的系统治理是在解决社会主要矛盾过程中实现人才发展治理目标，解决诸如人才短板问题、人才结构和布局的不合理问题等，在总体上坚持党管人才的原则，形成"有关部门各司其职、密切配合，社会力量广泛参与的人才工作格局"，健全市场化、社会化、法治化的青年人才管理服务体系。

党的十八大以来，党管人才体系不断健全，全国 31 个省（区、市）、新疆生产建设兵团和 15 个副省级城市的县级以上城市陆续设立了人才工作领导机构。党管人才工作机制不断完善。包括科学决策机制、分工协作机制、沟通交流机制以及督促落实机制等，在实践中不断完善，在制度层面得以落实。在党委领导下，组织部门坚持“牵头不包办、抓总不包揽、统筹不代替”的工作思路，抓出了战略水平、抓出了总体规划、抓出了重点培养、抓出了典型宣传的效果。

实施人才引领发展就是要在人才发展治理模式上有所创新，实现“两个转化”，即把党管人才的政治优势转化为人才引领发展的体制机制优势，把具有全球竞争力的人才制度优势转化为中国特色社会主义现代化建设优势，进一步完善各类青年人才工作制度，大力支持优秀青年人才脱颖而出，真正将制度优势转化为治理效能。就目前而言，中国的创新能力发展很快，一些优秀的国有、民营企业的创新能力十足，青年人才在这些国有企业和民营企业中激发了创新活力。“中国共产党从来都把青年看作是祖国的未来、民族的希望，从来都把青年作为党和人民事业发展的生力军，从来都支持青年在人民的伟大奋斗中实现自己的人生理想。”[①] 对青年人才的成长引领需要以社会主义核心价值观为导向，把以爱国主义为核心的民族精神和以改革创新为核心的时代精神融入青年人才发展的理想信念教育和道德教育中，激发青年人才干事创业的热情、激情和豪情，增强青年人才创新创业的志气、底气和骨气，在国家治理体系和治理能力现代化的进程中优化青年人才治理体系，为实现中华民族伟大复兴的中国梦培养中坚力量和可靠接班人。

第二节　青年人才发展治理的突出问题

党的十八大以来，我国青年人才发展治理取得了重大的成果，青年人才在国家社会主义现代化建设中发挥着越来越重要的作用，而且取得了重大的成果。面对国际人才竞争挑战，党和国家也逐渐探索出适应我国经济和社会发展的青年人才治理方式。但是，诸如体制机制障碍、青年人才结构和布局不合理、国际竞争力不强、创新能力不足等问题依然

① 习近平：《习近平在同各界优秀青年代表座谈时的讲话》，《人民日报》2013 年 5 月 5 日第 2 版。

比较突出，制约和影响着我国青年人才的发展治理，也影响着青年人才的创新意识和创新动机。

一　体制机制有待理顺

党的十九大报告指出，我国目前仍然处于社会主义初级阶段，在人才发展方面存在的突出问题，既有国情方面的原因，也有发展阶段的原因，更有深层次的体制机制方面的矛盾。从人才工作的实践来看，当前人才工作行政化色彩依然比较浓厚，特别是地方政府管得“过多过死”的现象不在少数，高等院校、科研院所、国有企业等主体缺乏用人自主权，在编制管理、工资总额、岗位总量等方面管理僵化，不利于优秀青年人才的引进和使用。在人才评价方面普遍存在“一刀切”现象，在人才流动方面门槛较多，“门好进脸好看事难办”的问题依然没有得到彻底解决。《人才规划纲要》提出的基本奋斗目标是，发挥中国人力资源优势，加快形成国家人才竞争比较优势，逐步实现由人力资源大国向人才强国的转变。党的十八大更是直接提出了“由人才大国迈向人才强国”的战略目标。然而，作为人口大国和人力资源大国，中国的人才优势依然没有充分发挥出来，尽管具备了人才大国的某些特质，但是距离人才强国还相差甚远。我国的人力资源还没有很好地、大批地转化为人才资源，经济社会发展需要的高端人才资源的转化也不是很明显，对于人才强国的支撑力度不够。一系列突出问题的存在，一方面是由人口大国、人力资源大国的具体国情决定的：很长一段时间，面对着有限的资源，我国只能将发展成果更多惠及现有人口，不能集中投资到高端人力资本和创新型人才的培养中；另一方面，我们的发展阶段决定了如果要解决更多的劳动力就业问题，短期内发展劳动密集型产业是比较有效的解决办法。劳动密集型产业的发展必然与高端人才资本形成竞争，不对称的人力资本的投资与回报就成为必然，有的创新创业人才则面临着“英雄无用武之地”的尴尬境地，经济发展高速增长，但是“人才红利”却没有得到有效释放。

从国内和国际两个大局来看，国内许多青年人才不能得到恰当的使用，在很多地方、很多行业领域都长期存在着学用脱节、岗位不匹配、专业不对口等问题。面对这些问题，各地区、各单位都积极倡导“人尽其才、才尽其用”，遗憾的是，行之有效的并不是很多，甚至在有一些地方和个别的单位，“人尽其才、才尽其用”只是被当成一句口号、一条标语而已。学术单位“行政化”现象普遍改观较小。有的单位下大力气对这一问题进行了改革，在一些方面也取得了重大突破，然而总体情况依然不容乐观。一流人才、一流业绩、一流报酬的分配格局尚未完全形成，知识、技术、管理、技能等要素参与分配的激励机制还没有完全“破冰”。人才管理方式方法创新应当服务于经济建设和政治建设的需要，同时也受到经济体制和政治体制改革的制约。国际方面，人才流出远远大于人才流入，一些青年人才靠着自己的努力和打拼，以及家族的支持，“漂洋过海”，学有所成，拿到“绿卡”在国外定居生活。即使有一些留学生在国外学有所成，掌握了世界科技前沿技能，回到祖国却苦于没有机会发挥自己的才干。

由于长期受到计划经济体制的影响，虽然改革开放已有40多年，青年人才发展治理已经逐步形成一定的体系，但是，受到计划思维长期的惯性影响，人才工作在部分地域还不能适应市场经济的需求，人才治理的思维和方法不能完全满足人才发展的导向。影响青年人才发展的体制机制障碍依然存在，主要体现为人才评价、激励、服务、保障等方面的不足。青年人才发展治理缺乏有效的制度支持和完善的法治保障，政策统筹及协调能力不强，市场在人才资源配置中的决定性作用没有完全充分发挥出来，事业单位人事管理改革推进速度较慢，僵化的管理体制依然存在，在青年人才队伍建设方面，数量增长较快但质量提升较慢。对于科技精英青年人才、专业技术人才、支柱产业青年人才队伍关注较多，对于基层青年人才、其他自然科学和哲学社会科学青年人才、急需紧缺专业青年人才队伍的关注较少。在一定的时空范围内，青年人才队伍存在整体开发不够，高端人才偏少，实用人才多而创新人才不足等问题。粗放式的人才发展治理方式偏重于创新型青年人才的引进而忽视了对其使用及培养。

我国事业单位科研人员激励制度不健全，机构自主权力较小，考核评价导向不合理等问题已经成为影响科技人才活力和科研活动有效进行的沉疴。在新发展理念指引下，共享式青年人才应该成为区域间人才合作、交流与流动的趋势。然而，我国现有的区域间人才法律规范尚不健全，一定程度上制约着共享式青年人才机制的建设与实施。目前，我国人才流动，特别是区域间人才共享的法律法规并没有完全建立起来。人才管理法制建设相对滞后，人才市场管理立法滞后，人才市场规范的法律法规缺失，不能适应经济社会发展的现实需要。随着人才共享由理性思考、实践探索到达成共识、逐步铺开，与此配套的法律法规建设也需要进一步加强。

现有法律法规主要存在四个方面的问题：一是现有立法层次较低，行政规章和规范性文件居多，法律和行政法规较少。二是立法范围不完备，法律法规对人才工作的覆盖不到位，有一些方面目前尚属空白。三是立法质量不高，很多政策法规不配套，“碎片化”现象较为严重，法律法规操作的空间与执行力度还有较大的提升空间。四是立法缺乏国际视野，还不能适应经济全球化和人才国际竞争的需要，个别立法和国际通行法则相悖。有一些地方虽然制定了地方性法规，但各地的立法进程并不平衡，规格并不统一。不同地区在社会保障制度、工资福利制度、人事档案管理制度等方面存在着较大差异，人才医疗、养老、工伤、生育保险金额和统筹层次存在差异，跨区域续接社保存在一定的障碍。如长三角地区、珠三角地区、京津冀地区等区域人才规划不统一，尽管各地都有自己的人才工作政策体系，但是，各种具体人才政策制度之间缺乏协调和衔接，在一定程度上制约了各类人才在区域内的合理流动。

二 青年人才结构和布局有待改善

中国人才发展进程中，人才结构和布局不合理一直是难以解决的重要问题之一，尤其是青年人才结构和布局不合理问题比较突出，这已成为制约我国不同区域、不同行业、不同产业、不同所有制经济协调发展的重大问题。我国青年人才结构还不能适应高质量发展和创新型国家建设的需要，尚未形成有利于人才结构升级、创新精神和创新能力培养，以及充分释放创新型人才潜能的制度环境。在青年人才队伍建设方面，结构不合理问题尤为突出，主要表现在以下几方面：第一，人才队伍数量与质量不均衡。我国青年党政人才、企业经营管理人才、专业技术人才、高技能人才、农村实用人才、社会工作人才队伍 6 支队伍扩大速度快，但是这6支人才队伍的质量提升远远跟不上数量的剧增，尤其是一些综合素质较高的青年人才仍然欠缺。

第二，区域分布不均衡问题依然比较严重。主要表现为沿海和内陆的差异，东部、中部和西部的差异。在中西部地区以及东北地区，青年人才流失问题比较突出，致使地区人才分布不均衡的问题不能得到有效解决。中西部地区有的高校青年人才的跳槽出现团体和整建制的状况。然而，我国东部发达地区和大中城市青年人才相对过剩。在国家“千人计划”引进的人才中，绝大多数都选择落户在北京、上海、江苏、浙江、广东等发达的省市。青年人才发展区域不均衡问题与经济社会发展问题交织在一起，相互影响。人才的集聚效应带来了发达地区经济的持续增长，沿海地区优化配置人才资源，经济结构转型升级，进一步推动加快青年人才流向沿海地区和大城市。各大城市、各个科研院所、高校、企事业单位等内部展开的“抢人大战”，进一步加快了青年人才向城市聚集的速度。中西部偏远地区，尤其是农村，受到经济社会发展政策限制，难以引进和留住青年人才。

第三，青年人才个体需求与行业需求的差异导致的人岗不匹配问题。一方面，有的工作岗位和行业青年人才饱和甚至出现过剩现象。反之，某些行业由于受到主客观因素的影响致使人才匮乏。大数据、区块链背景下领军人才和青年人才达不到这些技术和经济社会发展的需要。虽然在航空航天等领域，青年人才的比例日益占据着优势，但是，涉及高精尖领域的青年人才极度短缺等状况仍未得到根本性改善，条件艰苦的偏远地区青年人才仍然紧缺。青年农村实用人才严重缺乏，如何让青年人才积极地参与到乡村振兴的建设中，把论文写在祖国的大地上是急需解决的现实问题。如东中西部地区人才密度的差异，西部地区专业技术人才密度（每万人口中的人才数量）仅为225人，而东部地区达到302人，高级人才85%集中在东中部地区，其中绝大多数集中在大中城市。①

三　青年人才创新能力和国际竞争力有待增强

随着我国经济社会的快速发展，我国创新能力和国际竞争力都在不

① 郭庆松：《人才发展：突出问题及对策研究》，人民出版社2018年版，第6页。

断增强。然而，与发达国家相比，我国科研创新水平依旧存在一定差距，前沿科技成果和原创性成果较少，论文被引用率低于世界平均水平。科研院校（所）科研水平进步较快，但是与世界领先水平差距较大。基础研究、前沿领域和具有世界领先水平的高水平创新人才严重短缺。根据2016年发布的《制造业人才发展规划指南》估算，2025年新一代信息技术产业、生物医药和高性能医疗器械、节能与新能源汽车、新材料、机器人领域人才缺口将分别达450万人、40万人、103万人、400万和450万人。此外，我国资深人工智能人才数量占世界总体较低。2021年全球人工智能人才数量达47万人，中国仅有2万人。中国青年人才的国际竞争力受到人才体制机制和发展环境等因素的影响，与主要发达国家相比不具有优势。人才流失、教育失衡、中级教育和教育培训发展滞后成为中国长期以来的突出问题。潜在的人才短缺及其在未来难以转化为现实人才的形势严峻，势必影响中国青年人才创新能力的提高，从而影响经济社会的发展。就业市场、服务体系以及基础设施薄弱等创业环境质量落后的现状，不利于创业活动进展。创新平台、创新体系和制度激励在国际比较中不具明显优势，国际国内知名研究机构与教育机构的数量与质量、风险资金获得的便利性、校企的对接与合作、产权有效保护程度等方面的数据充分说明了这一问题。作为创新产出的专利、著作和版权费等指标的人均表现相对不高。因此，人才制度的不完善与不合理直接导致了人才培养以及成果转化的低效率。

人才国际化是新时代我国人才优先发展的战略命题之一。经济全球化与国际人才竞争加剧对人才国际化提出了新的要求，带来了新的挑战。全面建成小康社会以后，我国人才国际化的严峻形势依然没有得到改善。自改革开放以来，中国青年人才国际竞争力总体呈现逐步上升的态势。但是，我国是世界上最大的发展中国家，人才外流与回流的速度日益加快，“留学红利”在人才强国战略中日益发挥着重要的作用。发达国家扩大留学生招生规模，吸引中国等其他国家留学生前往学习。虽然上海、浙江等地加大了高考改革的力度，但是并没有从根本上阻挡家长们热衷于送孩子出国留学的热潮。近年来，随着国内环境的改善，以及国家人才计划和人才政策的调整，人才回流的趋势越来越明显，海归人才成为促进国家经济和社会发展、提升国际竞争力的一大助力。后工业化浪潮时代以及全球老龄化人口的日益加重，青年人才国际竞争将会更加突出。“人才赤字”现象说明，中国青年人才的国际竞争力依然还有很大的提升空间。我国人才国际竞争力面临的问题主要表现在三个方面：一是我国国际化人才数量不足。不仅与发达国家的常住人口比例相差较大，而且也达不到第三世界的平均水平。二是我国人才社会生态环境不利于国际化人才的集聚。三是我国培养国际化人才的能力有待提升，国际化人才的培养数量和质量都还有很大空间。①

过分注重海外留学人才，在其与国内同等水平人才待遇上的极大差别，正在造成国内人才的流失，出国“镀金”成为青年人才获得心理宽慰的选择。当前人才重申报轻管理、重国外轻国内的现状依然没有得到根本改善，人才资助“唯学历论”“唯海归论”和“唯资历论”的优惠政策和激励机制弊端重重。2017 年，人民论坛所做的一项“中国区域人才竞争力指数调查报告”显示，东部地区、长三角地区区域人才竞争力较强，相对于沿海地区而言，无论是人才总量和质量，还是人才发展贡献上，或是人才培育的环境营造上，内陆地区的问题依然突出，人才体制机制以及发展环境仍是制约其人才竞争力提升的关键因素。

四　青年人才发展生态有待优化②

党的十八大以来，我国青年人才工作取得显著成效，人才数量和质量不断提升，对经济社会发展的贡献越来越大。然而，当前青年人才发展依旧面临诸多挑战，青年人才发展面临生态压力，发展空间受到挤压、发展需要缺失、发展观偏离等问题仍然较为突出。

首先，青年人才发展面临生态压力。马克思社会发展理论认为，人的自由全面发展离不开社会发展的基础支撑。人的自由全面发展需要良好的外部生态作为保障，这种生态既包括生产力足够发达而带来的物质资源的充沛，良好的资源分配机制，还包括个人能力全面发挥的外部环

① 王辉耀：《著名专家论人才创新——中国人才 50 人论坛文集》，中国人事出版社 2018 年版，第 27 页。

② 注：本部分内容和观点已发表至课题组的相关研究成果之中。

境。当前青年人才治理面临人才发展本身内部所需资源的有限性和资源分配短板，以及外部社会资源相对稀缺的双重压力。一是人才发展资源相对有限。虽然改革开放以来，我国经济社会取得了长足进步，社会生产力不断提升，但是离人的自由全面发展所需要的物质资料程度依旧相距甚远。资源的有限性和稀缺性，决定了生活于其中的人必然面临竞争压力。在人才发展资源有限的情况下，人才与人才之间必然会产生竞争，人才发展必然受资源分配的束缚。青年人才往往处于资源分配的末端，更要面临高竞争的内外部压力，尤其是“内卷化”席卷各行各业的当下，青年人才更加难以独善其身。

二是人才发展资源分配机制存在短板。在资源有限的大背景下，如何有效地分配好资源，就成了青年人才发展治理的关键。在现有的人才发展资源分配机制下，人才发展资源不足与浪费同时存在。在资源分配过程中，往往已经处于顶端的权威型人才资源用不完，而刚刚起步的青年人才没有个人发展资源可用，造成支撑人才发展资源分配的“马太效应”。尽管国家针对青年人才成长出台了各类专项的青年人才支持计划，但相对规模巨大的青年人才群体，依旧显得“僧多粥少”。在高校科研领域，现有的人才评价和资源分配体系在一定程度上存在以“头衔”“职称”分配资源的情况。已经处于学术顶端或者具有相应头衔的权威人才，支撑其发展的资源通常用之不尽，甚至存在一定程度的浪费；青年人才却陷入无发展资源可用的境地。与此同时，学术型人才的职业生涯成功需要良好的社会和文化资源作为重要支撑，组织支持影响着青年科技人才的生产力，科研领域的青年人才从培养、发展到有所成就往往也需要一个相对漫长的过程。然而，当前科研领域对做出成果缓慢的青年人才包容度有限，或者是基本没有包容度。部分高校对青年教研人才实行的“非升即走”的淘汰制度，更是加剧了资源竞争的强度。在这种内部资源激烈竞争的逻辑下，青年人才中坚守“板凳甘坐十年冷，文章不写半句空”，愿意为科研事业本身，而不是唯职称、唯论文、唯头衔、唯绩效奔忙者少之又少。

三是人才发展面临外部环境的现实压力。在市场经济环境下，当前青年人才面临着高房价、高生活成本等生存压力。在大城市的高学历、高收入的青年人才群体中，还面临着子女教育和赡养老人的沉重负担。青年人才在奉献国家社会需要的事业发展与尽快挣钱养家、实现个人财富相对自由之间难以平衡，且通常会出于现实压力而选择妥协。面对更优渥的待遇选择时，青年人才从科研事业单位等体制内离职的现象屡见不鲜。

其次，青年人才面临发展空间挤压。个人能力的全面发展是人的自由全面发展的重要方面。良好的职业发展空间是青年人才成长的必要基石，也是充分发挥青年人才能力的必备条件，但是当前青年人才发展往往面临空间挤压的困境。这种挤压既有来自职业本身成长空间有限的客观原因，也有来自职业内部竞争的“压制”。一方面，青年人才发展面临职业本身的空间挤压。在部分职业中，由于历史原因，出于人才饱和状态，职务职级晋升困难，长期形成的传统职业氛围难以一时改变，为青年人才发展造成阻碍。这在相对欠发达地区表现得更为明显，在县域高素质青年人才中，即使青年人才出于回馈家乡、迫于大城市高房价、高压力等原因留在县城，也会面临发展空间有限的困境。青年人才敢于革新，渴望得到尊重认可和人际公平的思想特征，与县域职业发展“天花板”过低，传统根深蒂固“论资排辈”的晋升路径背道而驰，其职业发展往往举步维艰。青年人才发展空间挤压，造成了县域高素质人才“引进来，留不住”“不断引进，不断流失”的困境。同时导致了部分青年人才“大城市扎根困难”“小城市找不到理想”的尴尬境遇，造成青年人才逃离大城市，回到小城市，又回到大城市的不断迁移。例如，青年人才在东部沿海地区和西部地区，就表现高流入率和高流出率的“双高”特征。

另一方面，青年人才发展面临职业环境的空间挤压。青年人才处于事业发展起步阶段，在各方面均处于相对弱势地位。良好的人才发展环境，良师益友型的领导和上级，往往会成为青年人才发展的引路人。然而，部分青年人才却面临着上级领导和权威“压制”，在资源有限的情况下，发展空间受到挤压。此外，除了个人能力等自致因素对于人才发展有重要作用以外，来自家庭出身等先赋性因素对人才社会流动和发展空间同样具有显著影响。由此而来的“精英的代际循环”“贫困的再生产”等社会流动中的“阶层固化”现象，使部分青年人才对个人发展空间的公平性存在质疑，进而打击了部分青年人才自身发展的积极性，甚至出现“躺平”等消极发展心态。

再次，青年人才面临发展需要缺失。人的自由全面发展追求人本身的解放，人的需要是促进社会发展的动力，但是其前提是人发展的物质需要和精神需要得到满足。马克思认为“人们为了能够‘创造历史’，必须能够生活”，这是“一切人类生存”和“一切历史的第一个前提”。[①] 在人的生存的自然需要的基础上，人的精神需要、社会需要、发展需要等才会进一步得以体现。尽管改革开放以后，我国社会生产力取得长足进步，生存需要可以得到足够保证，但是人的精神需要、社会需要、发展需要在不同人群中仍然存在缺失。同时，人的需要既具有自然属性，也具有社会属性，是社会发展进步的动力来源。青年人才要获得长远发展，必须以其需要的不断满足作为基本前提。青年人才的年龄阶段正处于精神需要、社会需要、发展需要的重要节点，但青年人才的需要获得又面临诸多挑战。

一方面，青年人才的发展需要面临压力。在市场经济环境下，青年人才往往面临着生活和职业的双重压力，为了满足其发展需要不得不参与激烈的竞争。然而，青年人才通常处在职业发展的初期和底端，要想迅速获得社会认可和实现个人价值需要一个长期的过程，青年人才的自我实现需要面临困难。另一方面，青年人才发展面临精神情感需要压力。在社会观念变迁、婚姻物质化、工作节奏快等因素的综合作用下，青年婚恋难成为我国社会的普遍现象。这在青年人才中表现得更为突出，越来越多的高学历青年人才成为“剩男剩女”中的一员，其精神情感需要难以得到有效满足。同时，伴随社会地域流动加快，青年人才就业往往远离家人，成为“漂族”，在异乡漂泊，其亲情等精神需要也面临缺失。

尽管这些需要的缺失会转化为激发青年人才发展的重要动力来源，但是部分需要的长期缺失，却会给青年人才发展带来负面影响。长期的精神需要、发展需要、自我实现需要的缺失，必然会对青年人才积极性造成打击，不利于青年人才长远的健康发展。各个地方对于青年人才生活的基本需要都能够给予足够的保障，但是对于青年人才的发展性需要、

① 《马克思恩格斯选集》第1卷，人民出版社2012年版，第158页。

精神情感需要存在较大的改进空间。由于人口老龄化、用工缺口等各种原因，各个城市针对青年人才的“抢人大战”越演越烈，对于青年人才的生活物质保障不断提高。然而，生活需要只是青年人才发展的基本前提，其发展性需要、精神情感需要能否得到解决，才是决定青年人才特别是高层次青年人才“引得进来，留得下来”的关键。

最后，青年人才自身发展观存在偏离。马克思社会发展理论认为，由人的主观意识所指导的生产是促进个人和社会发展的来源。人才对个人发展的观念，包括对职业劳动本身的认同、职业劳动价值的肯定等，对于人才在劳动市场中的长远发展具有重要作用。高校青年科研人才的科研产出，不仅与其所在的现实环境相关，同时也与其对职业本身的认同、认知等相关的个体认知因素显著相关。随着市场经济的快速发展，青年人才和社会公众对职业劳动的认同更多的是以金钱多少、职务职级等与物质回报高度相关的要素作为衡量标准。青年人才和社会公众对职业劳动的物质化倾向，促使其不再趋向于认同职业劳动本身的价值和职业奉献的意义，造成职业发展观的偏离，实际上也是被劳动之外的要素所控制的异化。尽管人的发展建立在需要的满足上，但是当自然生存的需要被满足之后，就应当追求精神层面的自我实现和获得尊重的需要。此时，劳动应当是为了追求劳动本身的意义和价值的劳动，而不仅仅是谋取物质享乐需要的手段。青年人才发展过度物质化带来的职业发展观偏离，必然对青年人才的长远发展造成损害。

第三节　青年人才发展治理中的创新能力培养

2015 年 3 月，习近平总书记在参加十二届全国人大三次会议上海代表团审议时的讲话中指出：“创新是引领发展的第一动力。”① 习近平总书记特别嘱咐两院院士要为拔尖创新人才脱颖而出铺路搭桥。人才是创新的第一资源。高层次创新型人才匮乏、人才创新能力不强等是我国人

① 中共中央文献研究室编：《习近平关于科技创新论述摘编》，中央文献出版社 2016 年版，第 7 页。

才发展方面存在的核心问题。当前世界进入百年未有之大变局，面对中华民族伟大复兴的战略全局，国际竞争的焦点将集中在青年人才上，他们身兼科学、技术竞争力和高文化素质于一身。创新型人才是我国建成社会主义现代化强国的关键性要素。

一　完善创新型青年人才发展计划和政策

人才工作机制的有效运转，主要依靠中央精神、意见和建议的具体化、规范化，以及各种重要举措的实施。新的人才政策不断出台，肯定并尊重各地结合自身实际落实人才政策，如建设“人才特区”“人才实验区”等，以人才管理体制改革推动人才区域的建设。中央人才工作会议召开，习近平总书记强调：“要造就规模宏大的青年科技人才队伍，把培育国家战略人才力量的政策重心放在青年科技人才上。”① 实现科技自强自立、建设世界科技强国的生力军是青年科技人才，加强这一队伍建设事关科技创新的未来，应筑牢青年科技人才队伍的“塔基”，完善选拔、培育和使用机制，为青年人才脱颖而出创建平台。北京中关村和粤港澳大湾区两个国家级人才管理改革试验区建设进展顺利，全国十多个省（区、市）依托开发区、高新园区、科研院所等，探索建立了不同形式的人才管理改革试验区，同时探索建立与国际接轨的科技开发和人才管理新体制。不同类型的“人才特区”和“人才改革试验区”，着眼于人才管理中的重大问题，建章立制、大胆创新，极大激发了各类人才干事、创业的激情。这些探索是创新人才治理体制新的实践。青年思维活跃、精力旺盛、最具创新活力，培养他们的战略思维和创新能力至关重要。当前，在我国青年科技人才培养中，一定程度上存在人才评价“一刀切”，人才围着项目转、科研围着职称跑等问题，青年科技人才在申请项目、职称晋升方面还会遇到一定的压力。实现科技自立自强，要引导青年科技人才坚定正确的政治方向和科研导向，坚持“不论资历论能力，不看年龄看本领”，激发人才创新活力和动力，让真正有能力、

① 习近平：《深入实施新时代人才强国战略，加快建设世界重要人才中心和创新高地》，《人民日报》2021年9月29日第1版。

有抱负的青年人才有施展才华的空间和舞台，研究真问题，真研究问题。

为了均衡东中西部地区的人才结构布局问题，为西部大开发战略提供人才支撑和智力保障，中组部与教育部、科技部、中科院贯彻落实中央关于实施西部大开发的战略部署，为西部地区培养高层次专业技术人才，从1996年开始实施“西部之光”人才计划。十年时间该计划共支持各类入选者近2600人，选派访问学者3000余人，为西部选培了一大批优秀科技人才，当地科技创新能力显著提升，在西部区域经济社会发展中发挥了重要作用。“西部之光”的独特之处在于采取了“优秀人才+应用项目”捆绑支持的方式，并始终坚持需求和问题导向。发挥访问学者的示范带动作用，打造了一支敢于创新、勤恳创业，为西部奉献青春和智慧的高层次青年科技人才队伍。为引进海外高层次人才，吸引更多留学青年回国发展，2008年12月，中共中央办公厅转发了《中央人才工作协调小组关于实施海外高层次人才引进计划的意见》（以下简称“千人计划”），决定从2008年开始引进2000名人才，有重点地支持一批能够突破关键技术、发展高新产业、带动新兴学科的战略科学家和领军人才来华创新创业。截至2013年年底，共引进各领域高端人才4180人。2012年8月，中组部、人社部以及中宣部等11个部委联合出台了《国家高层次人才特殊支持计划》（以下简称“国家特支计划”，也称“万人计划”），决定从2012年起，用10年左右时间遴选支持1万名左右自然科学、工程技术、哲学社会科学和高等教育领域的杰出人才，建设一支国内创新人才队伍，与“千人计划”相互衔接和补充。截至2016年，中央和部委层面共有各类人才计划20项；18个省（区、市）共有人才计划73个，人才政策62个，合计125个。从支持对象看，涉及各类人才，如“教育部高层次创造型人才计划”等面向高级人才，“中组部青年海外高层次人才引进计划”等面向创新型青年人才，此外还有面向科技人才、高技能人才和企业家等创新型人才的计划和政策。

二 构建创新型青年人才教育体制机制

青年学子的创新能力、创新意识、创新思维的形成，与国家高等教育的发展呈正相关。简而言之，高等教育是培养创新型青年人才的重要环节。2013 年 7 月，习近平总书记考察中国科学院时强调："我国科技队伍规模是世界上最大的，主要问题是水平和结构，世界级科技大师缺乏，领军人才、尖子人才不足，工程技术人才培养与生产和创新实践脱节，人才政策需要完善，教育方面也需要进一步改革，以更好培养青少年的创新意识和能力。"① 党的十八届五中全会指出，必须把创新摆在国家发展战略全局的核心位置，深入实施创新驱动发展战略。"人才是创新发展的根基，青年人才是全社会人才的重要主体和不竭来源，在很大程度上影响着创新根基的稳固。"② 在这样的形势和任务下，高等教育要走实施内涵发展、提高国际竞争力的道路。2015 年，国务院印发《统筹推进世界一流大学和一流学科建设总体方案》，一流大学和一流学科是知识和科技创新的重要力量，是培养创新型青年人才的重要基地，有利于加快高等教育治理体系和治理能力的现代化。开展双一流建设，需要改革教育评价体系，制定新的符合时代特征的教育评价制度。同年，《深化高等院校创新创业教育改革的实施意见》从创新培养机制、健全课程体系、改革教学方法和考核方式、强化实践活动等方面对深化创新创业教育改革提出了具体要求。2020 年 10 月，中共中央、国务院印发了《深化新时代教育评价改革总体方案》，以加快推进教育领域治理能力和水平现代化，为树立科学的教育评价指明了方向。该方案提出，要着力破除唯分数、唯升学、唯文凭、唯论文、唯帽子的顽瘴痼疾，坚决破除制约拔尖创新人才培养和脱颖而出的各类有形及无形的评价制度。

高校的发展最终归结为人才的竞争，而一所高校能否建立起适合本校发展的高水平高素质的教师队伍，是创新型青年人才培养的灵魂所在。"五唯"以绩效主义的名义获得了现实的合法性，体现了工具理性的公平正义性，却忽略了教师是有温度、有情感的人，科研创新和发展要回归人本位，以教师身心健康的发展和青年学生全面健康的成长为最终的

① 中共中央文献研究室编：《习近平关于科技创新论述摘编》，中央文献出版社 2016 年版，第 108 页。

② 邓希泉：《习近平青年发展观研究》，《中国青年研究》2017 年第 6 期。

目标和诉求。习近平总书记指出："世界一流大学都是在服务自己国家发展中成长起来的。"① 为了实现创新型青年人才培养的目标，必须从解决制约教育高质量发展的突出问题入手，把"破五唯"作为深化教育评价改革的重点环节，积极构建符合学术发展规律与人才成长规律的评价体系。

对于青年人才成长发展而言，体制机制的作用及影响不仅是宏观的，也是微观的。体制机制的活力来自改革创新，有活力的体制机制不仅可以激发青年人才的创新意识和创新能力，而且可以引领青年人才的爱国情怀及报国热情。1995 年 5 月 6 日，《中共中央、国务院关于加速科技进步的决定》提出科教兴国战略，并在随后召开的全国科学技术大会上进行了总动员和总部署。2006 年 8 月 29 日，胡锦涛在中央政治局有关"教育问题"的集体学习时强调，要把教育摆在优先发展的战略地位，努力建设人力资源强国，为全面建设小康社会、实现中华民族伟大复兴提供坚强的人才和人力资源保证。2007 年 10 月，党的十七大报告指出："更好实施科教兴国战略、人才强国战略、可持续发展战略。"《国家中长期教育改革和发展规划纲要（2010—2020 年）》把人才和教育置于事关中国未来发展、中华民族伟大复兴的战略高度，进一步提出要把人才与教育紧密联系在一起加以考虑。党的十八届三中全会提出，要建立集聚人才体制，包括打破人才体制的壁垒，完善人才顺畅流通的制度体系，健全人才激励机制，形成人才制度优势等。习近平总书记强调："要着力破除体制机制障碍，向用人主体放权，为人才松绑，让人才创新创造活力充分迸发，使各方面人才各得其所、尽展其长。"② 在我国，建立人才管理体制，不仅要与我国的基本国情相适应，而且要与市场经济体制相适应，以市场化改革为导向，以有利于科学发展为目标，尤其是在新发展理念的指导下进行改革。

培养创新型青年人才是国之大计。必须从源头上改革应试教育的评

---

① 习近平：《在北京大学师生座谈会上的讲话》（2018 年 5 月 2 日），人民出版社 2018 年版，第 6 页。

② 习近平：《加大改革落实工作力度让人才创新创造活力充分迸发》，《人民日报》2016 年 5 月 7 日第 1 版。

价机制，满足学生多样化需求，促进学生全面发展、健康成长。2021 年 7 月，中共中央办公厅联合国务院办公厅印发《关于进一步减轻义务教育阶段学生作业负担和校外培训负担的意见》（以下简称“双减”）。实行“双减”政策是深入推进素质教育，建设教育强国，推进基础教育治理能力和水平现代化的必要措施，也是与高等教育双一流建设实现有效衔接的主要途径，有助于提升我国教育教学的水平和质量，促进教育公平正义，为创新型青年人才的培养筑牢地基。

要为创新型人才培养提供有效的制度保障。自主权是调动高校创新教育方式、进行多样化探索、保证教育资源配置和激励机制到位的根本保障。从国际经验看，组织、财务、人力资源和学术自主权是现代高等教育治理框架的主要内容，也是国外高校自主权改革的重点。随着教育制度尤其是高考制度、职称评审制度、博士后制度、国家公务员制度等一系列制度的改革和创新，我国创新型青年人才的培养开发进入了一个全新发展、全面提质、全力加速的新时期。通过实施科教兴国战略，全面提升高等教育水平，国家分别启动了“211”“985”等工程，增强了高校培养创新型青年人才的实力。“要加快知识创新，加快高技术成果产业化，关键在人才，特别是需要一批又一批优秀青年人才脱颖而出。”① 2017 年 1 月，根据国务院《统筹推进世界一流大学和一流学科建设总体方案》的要求，教育部、财政部、国家发展改革委制定印发了《统筹推进世界一流大学和一流学科建设实施办法（暂行）》，正式启动“建设世界一流大学和一流学科”的“双一流”建设，以此拉动我国高等教育整体水平的提升和创新型青年人才培养质量的提高。通过建设国家重点学科和重点实验室，培养了一批又一批的青年创新人才，产出了系列自主创新的成果。以创新创业教育改革为抓手推进高等教育改革，将深化高校创新创业教育改革作为我国高等教育综合改革的突破口，将培养学生的创新思维和创新能力作为高等教育的基本目标。将创新教育真正融入专业教育、融入人才培养的每个环节。

---

① 中共中央文献研究室编：《十五大以来重要文献选编》（上），人民出版社 2000 年版，第 521 页。

三 优化创新型青年人才流动的环境

习近平总书记指出："尚贤者，政之本也。环境好，则人才聚、事业兴；环境不好，则人才散、事业衰。"① 良好的环境是吸引海内外青年人才的必不可少的条件。要吸引和留住青年人才，充分发挥青年人才的作用，必须为他们创造一个宽松自由的发展环境，从而保证青年人才的自由思考、自由交流、自由研发、自由创造、自由流动。营造有利于创新型青年人才发展的政策环境、社会环境、舆论环境、工作环境、生活环境，从而实现创新精神的传承与发展，产出高质量的、具有核心竞争力的创新成果，这是进入新时代的中国要破解的重要课题。国际、国内创新型青年人才不仅需要综合、开放、多元、包容的生产、生活环境，而且需要宽容的社会文化氛围。全球文化的跨越和中西文化的融合，推动了中华优秀传统文化现代化和世界优秀文化本土化，这就需要在引才、用才的前后创造一个中西方文化融合的国际人才环境。

例如，上海市为了吸引和留住高素质国际化优秀青年人才，将"海纳百川、追求卓越、开明睿智、大气谦和"的新城市精神融入各项工作中，以服务于高端人才为重点倾力打造基础设施条件便利的公共社区，培育良好的社会文化氛围和体制机制环境。为了广聚天下英才而用之，深圳市以创建中国特色社会主义先行示范区为契机，树立全球引才导向，打出人才"组合拳"，通过营造舒适的人才环境，"以人民为中心"，注重解决住房、教育、医疗等青年人才关注的民生问题。未来深圳主要聚焦重点产业、民生领域，吸引集聚包括100万名以上各领域具有发展潜力的优秀青年人才，努力把深圳建成"人才之城"。市场化是深圳始终充满活力的奥秘所在。生产资料和创新要素的配置是由市场决定的，市场也能为来自五湖四海的人才提供公平、开放的竞争空间和环境。现代化青年人才治理体系的构建，需要营造良好的社会环境，促进全社会关爱青年、关心青年、帮助青年、尊重青年，努力营造和谐友爱的社会环境氛围。正确处理好政府、市场和社会在青年人才发展治理中的关系，

① 习近平：《习近平谈治国理政》，外文出版社2014年版，第61页。

发挥政府主导作用，完善市场主体作用，规范市场行为，健全市场机制，维护社会公平正义，为创新型青年人才的保障激励机制开辟绿色通道。

“孔雀东南飞”由来已久，除了中西部地区本身的地理位置和客观条件的限制之外，与当地没有形成良好的尊重青年人才的舆论环境和社会环境也有密切的关系。促进西部大开发及中部崛起，除了国家人才计划和人才政策和扶持，必须在中西部地区形成尊重劳动、尊重知识、尊重人才、尊重创造的良好的舆论环境和社会环境，包括法治社会、法治政府和法治国家的宣传与建设。让创新型青年人才的科研成果和创新成果得以转化并推广应用，形成全社会尊重知识产权的氛围。新闻媒体在营造尊重人才的舆论氛围中具有不可替代的作用。在创新型青年人才的培养以及使用中，青年科技人才是各地区争夺的主要对象，吸引和留住青年科技人才，提升区域竞争力和国家核心竞争力，构建有利于青年科技人才成长和发展的社会生态环境评价体系则显得尤为重要。一般认为，人才社会生态环境是指由诸多相互作用、相互制约的因素构成的完整的、有机的、可持续发展的系统，这个系统以人才为中心，包含影响人才生存发展的经济、制度、物质、文化在内的各种社会因素，各因素对人才的生存和发展具有直接或间接作用。[①] 科技人才的趋群性决定了他们在选择创新创业区域时主要考虑的因素，是否建有科研院所及高技术企业，是否能够提升自身的发展、促进个人创新才能的发挥以及综合素质的提升。外资企业现代化的经营管理模式能够为青年科技人才提供宽松的工作环境、良好的文化氛围及先进的技术水平，对于青年科技人才更具有吸引力。我国国有企业近年来已经取得了现代化的转型和改革，然而，要真正吸引具有创新能力的青年科技人才的加盟，还需要进一步大刀阔斧的改革，与当地政府和社会一同为青年科技人才营造社会生态环境。

---

① 刘瑞波、边志强：《科技人才社会生态环境评价体系研究》，《中国人口·资源与环境》2014 年第 7 期。

第四章

以创新能力为导向的青年人才发展治理案例

创新型青年人才发展一直是国内外人才治理的重点。为更好地推进创新型青年人才发展治理，围绕青年人才创新能力培养，国内外的政府、高校、企业、行业等进行了大量的实践探索，在人才环境打造、人才评价激励、人才政策引导、人才行业治理、人才吸引聚集等方面形成了诸多的典型案例。

第一节　人才环境打造案例

人才环境指的是“环绕人才周围的、对人才发生作用的外部客观因素的总和”[①]。人才环境是造就人才、吸纳人才和发挥人才作用的重要因素。优良的教育、发展环境可以培养和吸引大量高素质人才，促进人才在发挥自身价值的内因驱动下逐步成长，进而提高人才产出，推动人才作用的发挥。而人才作用的发挥一方面有利于形成人才投入的良性机制，激励政府、社会、用人单位更加注重改善人才环境，形成人才环境与人才作用发挥的良性循环；另一方面有助于推动技术变革创新，促进区域内社会经济发展。从而随着区域内经济实力和社会保障力量的增强、科学文化水平和技术条件的日益成熟，又会在一定程度上为支撑青年人才更好地进行创新创造提供更好的条件。人才发展治理必须优化人才发展环境，使得人尽其才，才尽其用，才有所得。青年人才发展环境打造主

① 罗洪铁：《人才学原理》，人民出版社 2013 年版，第 139 页。

要是指学校、国家、社会等主体在青年人才发展过程中着重培养青年人才创新意识，营造适宜创新的“硬环境”与“软环境”以鼓励其发挥价值。人才“硬环境”与人才“软环境”相辅相成，互相影响，也具体表现在各国都在打造滋养创新意识的人才培养与交流协作的环境、自由宽松的教育科研环境、激励人才与绩效管理的制度环境、满足物质需求与基础建设的物质环境等。人才环境可营造，也因具有普遍广泛性、内容具体性、人为可控性、规模继承性和形势动态性的突出特点对人才的发展起着保证、制约、塑造和激励作用。

发达国家普遍重视人才的作用，将人才视为重要的发展本国实力的资源，各国也建立各种体系、机制注重营造“近者悦，远者来”的人才环境。正如美国著名的心理学家勒温所言，“一个人的工作绩效，不仅受到个人能力和素质的影响，很大程度上受到其所处的环境的影响，当个人不适应这个环境时，通常会选择离开这个环境，去更加适合的环境发展”①。人才环境对于青年人才的成长至关重要，常常有学者将人才与人才所需的环境以种子和土壤作比，他们认为两者的关系就犹如种子的生长必须有适宜的阳光、土壤、空气和水一样，在温度、湿度适宜的良好的环境下，种子能够很快生根发芽，而凛冽、恶劣的环境可能只会让种子逐渐枯干而死。国外在营造良好人才环境方面，重视教育培养、增强人才协作、扩大人才交流等成效显著，值得借鉴。

环境条件是创新型青年人才发展治理的重要内容。从国际上看，创造创新型青年人才发展的人才环境一直备受各国重视，很多国家都将人才环境建设作为发展重点。以美、日、德、法、印为代表的国家在培养创新型青年人才发展方面有着各自的探索与实践。他们的共性方面体现在注重知识与创新，深谙获得创新型青年人才的根本途径是教育，打造精英教育环境，投入大量的资金。美国、日本、英国等发达国家的公共教育经费占国民生产总值（GNP）的比重都超过了4.9%的世界平均水平。高等教育环境是青年人才发展的摇篮。高等学校是输送人才的主要渠道，是会聚和培养创新型青年人才的主阵地，也成为青年人才发展环

① 库尔特·勒温：《人格动力理论》，北京理工大学出版社2014年版，第96页。

境构成的重要源泉。因为高等学校学生的主体是青年，学校又具有人才聚集、良好的基础设施、自由的学术氛围和多学科交叉的影响的特点，高等学校便成为产生新知识、新思想的沃土，成为生产和传播科学知识、培养创新型青年人才的主要基地。

首先，打造培优的人才教育环境。青年人才发展是一项系统工程，人才教育环境是青年人才发展治理的重要因素。以创造轻松自由的科研文化氛围来培养青年人才来看，德国大学在培养创新型青年人才方面做出了表率，诺贝尔奖获得者占世界的15%左右，积累了许多有价值的经验。德国创新型青年人才培养给我们最大的启示就是，尊重人类自由教育的理念。德国高等教育充满着自由的气息，这也成为创新型青年人才培养所需的温床。19 世纪初德国的威廉・冯・洪堡提出，通过科学研究方法和教学与科学相结合的方法去追求纯粹知识的思想，将科学研究拓展成为大学的职能之一。作为现代大学的发源地，德国在教育体制上坚持严进宽出，而教育模式灵活自由，为科学研究和不同人才培养提供了自由的沃土。培养创新人才的突出特色是科研与教学合一，重视个性的发展，尊崇人文的观念，按照"洪堡"精神成立的德国大学以其教学与科研统一及学术自由等特点被奉为欧美各国高等学校发展的楷模。在充满着自由气息的德国高等教育体系中，青年人才个人的潜能和创造力在此种文化背景下得到充分发挥。

美国的大学吸收了许多德国的有益经验①，并起着不可小觑的作用。综合国力和核心实力位居世界前列的美国拥有全世界大量的优秀人才资源，高科技成果总量始终居于世界领先地位，其在培养人才、引进人才、使用人才、建设人才环境等方面都有着十分明显的优势，从宏观层面来讲，其营造的人才环境所起的重要作用可见一斑。② 例如美国硅谷作为各国精锐的汇合之地、创新高地，离不开以斯坦福大学和加州大学伯克利分校为代表的高等学府源源不断地输送高质量人才，丰富的人才供给带来了生态圈的共荣。③ 斯坦福大学首创的"大学—科研—产业，三位

① 邓磊、杨甜：《高等教育历史转型的中外比较研究》，重庆大学出版社 2020 年版，第 41 页。

② 冯超：《习近平新时代人才观研究》，博士学位论文，东北师范大学，2021 年，第 12 页。

③ 谢鹏：《硅谷吸引人才的主要因素》，《中国人才》2021 年第 9 期。

一体的硅谷发展模式”良好的合作网络，搭建网络内各主体的联系，使网络内的各个主体——高校、科研机构、企业、中介机构以及政府相关部门各司其职，权责明确，合作和交流，保证整个环境的良性运行，整个系统运行畅通。人才生态环境的优化留住了人才。

从教育理念和教育制度上培养青年人才来看，美国重视教育环境的培育不仅是资金上的巨大投入、各种税收激励政策保障，更是理念制度和社会氛围的协同。美国借鉴了终身教育发源地法国的经验，不仅顺利实现终身教育立法，保障学习权利、引领学习社会发展，并且支持终身教育一直未曾中断。终身学习理念始终贯穿于美国联邦教育法与教育政策之中，教育得以有相对完善的强有力的政策保障。作为创新型人才涌现最多的高等教育阶段，也因美国强调学生独立思维和实践能力，形成“以学生为中心”的个性化教育、课内与课外相结合的教学模式和多元化人才培养模式。不但注重实现学术性目标，也注重实现应用性目标的教育理念是美国成熟的创新型青年人才培养模式的关键。其高等教育阶段主要以培养学生的创新能力为主要目标，并在教学过程中为学生提供了丰富的实验机会，通过大量的科学实验加深其对专业知识的理解，并积极延拓现有的知识范围，形成创新性思维。此外，在高等教育中还将“兴趣导向模式”“个性教育模式”等引入教育理念中，切实促进高校学生的全面发展。①

美国政府一直是教育环境营造的重要支持者。自 20 世纪 50 年代末，美国陆续颁布了《国防教育法》《美国 2000 年教育战略》等法案和报告，高度重视教育对国家发展的基础性作用和人才培养的有效途径。奥巴马上台后提出实施《加强 21 世纪美国竞争力法》，教育经费预算增加至之前的近两倍。美国注重在全面发展的基础上培养创新意识、创新精神、创新实践能力等素质，强调个性化的自由发展，对个性的培养和尊重以及对学生创新精神和实践能力的培养贯穿于学生的整个受教育过程。美国通过加大教育和人才投入，把教育和人才资源开发放在战略优先位

① 王晓辉：《一流大学个性化人才培养模式研究》，博士学位论文，华中师范大学，2014 年，第 27 页。

置，为其人才环境的可持续性发展提供了强有力的支撑。美国高校的培养制度充分体现“以学生为主体，尊重个体差异，注重个性发展”的教育理念。在美国大学，普遍采用自由学分制，大学生可以自由选择所设置的课程。美国的多数高校，若大学生对开设的主修课程不满意，经过相关程序，办理相关手续，可自己制订一个主修计划和目标。学生享有很大的自主权、主动权，学校给予学生以充分的自由来学习，使其充分发挥潜力与特长。

日本在教育培养创新型青年人才方面善于营造科研环境氛围，高度重视科研训练，其研究生教育引进了德国的讲座制和美国的研究生院制，同时发展了独具特色的“产官学一体化”的研究生培养模式和“工业实验室”为主的研究生教育模式。在开展创造性教育活动方面，积极发挥学生自主性学习，如有的高校制定了“创造性开发科目”认定标准，有的则开设“创造自习科目”。学生首先通过专业课的学习学会掌握表象知识，再通过“发现问题、自我学习”的创造性教育课程来激发青年获取新表象的内在动力和思维能力。

创新型青年人才培养要适应现代经济体系中知识复合、学科交叉、技术集成的大趋势。法国教育以“多科性”和“多面性”为特色。以巴黎中央理工大学为例，教育方式上既学习科学基础，又学习工程技术；要求学生到工业企业实习，注重与企业长期保持密切合作的关系。在教育内容上，所有学生都必须学习经济学，同时注重人文、外语和体育教学。法国精英教育与大众教育并存的“大学”与“大学校”的“双轨制”结合，保证大众性和精英性共存，各类人才协调发展。此外，法国格外注重教育质量，利用政府管理和大学自治的特点设立专门的评估机制——国家评估委员会（CNE），用严谨的评估机制保证教育效果和质量，从而保障青年人才获得良好教育资源。总体而言，法国教育对学生的培养是全方位的，它不仅注重学生实践能力的培养，还关注学生综合素质，并创设了与之相应的学习环境，使创新型青年人才在一个充满动力竞争机制的基础上成长。

创新型青年人才发展离不开重视个性化教育和专业型教育。印度“精英教育”在创新型青年人才培养方面独树一帜。印度政府一直致力于拔尖创新人才培养体系、培养模式、教学体制的改革，其执行的是一种面向尖子人才“自上而下”的教育政策，如印度“国家选拔天子计划”、印度信息技术部制定的“‘知识行动’人才培养计划”、教育部在高等院校建立的“电子信息网络计划”等。

其次，建立积极的人才协作环境。青年人才的发展时常受限于自身经验、所处平台、客观环境等，为发挥协同效应和实现人才价值取得1 +1 >2的效果，人才协作显得尤为必要。在任何创新活动，协作都无处不在、无时不在，协作存在着多种方式、协作存在于多种层次。离开协作，青年人才发展难以获得有效支持，无法实现科教协同、产教融合，创新活动这个复杂性系统也几乎无法实现其持续的进化。各领域专业人才为解决创新这个复杂性和重大战略性问题，均需多学科、多领域人员参与。

一是建立“科技工业园”开展人才协作。20 世纪 50 年代，随着高新技术的兴起和发展，美国工商界和政府部门为了利用大学的研究力量，把从事高新技术研究与开发的实验室设在研究型大学周围，于是在一些大学周围便形成了高新技术密集区，统称“科技工业园区”。举世闻名的“硅谷”就是一个成功的案例，通过校企互动，实行联合培养青年人才。美国的科技园区从其兴建方式看，大致可分为三种类型：第一，由大学组建，如在特曼教授的倡议下，由斯坦福大学于1951 年兴建的“斯坦福研究园”，并由此带来了“硅谷”的崛起，造就“产学研”协作的经典模式。第二，由企业组建，如 20 世纪 50 年代出现的沿波士顿 128 号公路兴办的“波士顿 128 号公路高技术园区”，以此发动企业为人才提供创新创业环境。第三，由州政府组建，如北卡罗来纳州对发展高新技术有兴趣，于是选择了位于该州的北卡罗来纳州立大学、北卡罗来纳大学和杜克大学于20 世纪60 年代共同组建了“三角研究园”，实现政府人才、大学青年人才、企业青年人才、青年创新集群的互动。三种类型的侧重点各有区别，共性的方面主要体现在利用多方资源共建人才协作环境，共享青年人才智慧，共担青年人才培养责任。

二是打造联盟实现青年人才协作发展。1999 年，旨在整合欧盟高等教育资源和打通教育体制的“博洛尼亚进程”正式实施，欧盟高等教育一体化也正式启动。[①]“博洛尼亚”进程加快，参与国家数量翻倍，发展创下新高峰。欧洲高等教育对高端创新人才的培养产生了深远的影响，它通过建立共同的高等教育体制，实行统一的学分制度，实现学分、学历和学位的相互承认，实现教育资源的优势互补，最终增强了欧洲高等教育在国际市场的竞争力。欧盟不仅在教育领域实现协作，还倡导成员国在经济、文化、商业等领域采取措施培育创新人才，探索培育创新人才的合作机制。

例如建立欧洲研究区，鼓励欧洲内部建立一套更具连贯性的研究和创新体系，支持青年人才开展合作。通过支持青年研究人员的流动，形成知识和技术的循环、转化和开发，鼓励公共研究机构与企业界开展研发合作和知识转化。在欧盟与成员国政府层面，则出台政策框架，集中资源，设立联合战略性研究项目。同时，建立欧洲与国际科研合作新框架，努力推动国际协作。通过创新集群推动建立创新协同机制，支持青年人才知识流转与共享。以欧洲创新技术研究院为例，它实现了加强教育、科研和创新的有效整合，以及产学研的紧密结合。作为构建创新人才培养平台的又一重大举措，欧洲创新技术研究院的成立旨在融合教学、研究和创新机制，整合科研机构、企业及高等院校的力量。欧洲创新技术研究院为来自不同领域的高端人才提供成长和发展的广阔空间，让他们以合作促进创新，以创新带动合作，最终成长为未来欧洲知识社会所需的创新人才。

最后，营造开放的人才交流环境。人才交流是人才成长的重要途径，通过搭建相互沟通和学习的平台使知识的交互不受地域空间限制，实现畅通无阻的沟通交流。欧盟致力于搭建人才交流平台，鼓励人才的跨国、跨机构和跨学界的流动，为创新活动构建灵活高效的人力资源配置机制，使人才的使用趋于合理化，加快知识传播和成果转化。2001 年，欧盟发布《欧洲研究区的人才流动战略》政策文件，明确了促进人才流动的优先领域和行动方案。为了促进高等教育领域的人员交流，2004 年欧盟委

---

① 房广顺、李若晴、李作章：《欧盟高等教育治理现代化：发展历程、政策逻辑与实践表征》，《现代教育管理》2021 年第 10 期。

员会发起了“伊拉斯谟世界计划”，为欧盟以外的高校学生和学者提供奖学金，资助他们到欧洲进行 3 个月至 3 年不等的学习和交流，并资助欧盟大学与非欧盟大学建立合作伙伴关系。该计划已发展成为当今世界最成功的高等教育合作和人员交流计划，为欧洲吸引世界各国的创新人才起到了至关重要的作用。2005 年，欧盟实施了“科学签证”一揽子措施，为来自欧盟以外的研究人员进入欧盟提供快捷通道。2008 年 5 月，欧盟出台了《更好的职业和更多的流动：欧洲研究人员合作计划》文件，针对欧盟人才流动中存在的问题，要求在欧盟层面开展四个方面的合作，分别是解决人才工作需求、满足人才的流动的社会保障政策等要求、给予更好的就职条件和工作环境以及强化知识成果转化。[①] 通过政策的保障，营造有利的人才流动、交往环境。除了加强成员国之间的人才交流外，欧盟还大力鼓励与非欧盟国家开展人才交流。2009 年 5 月，欧盟理事会还批准了以引进高层次人才为目的的“蓝卡”计划，对欧盟以外的高技术人才的入境与居住条件做出了相应规定。

再以美国教育政策研究联盟（Consortium for Policy Research in Education，CPRE）为例，在乔纳森苏波维兹（Donathan Supovitz）的带领下，CPRE 建立知识中心（CPRE Hub），这是一个可供政策制定者、研究者和实践者通过讨论的方式为解决共同目标承担着创新知识重任的在线交流平台。[②] 该中心集合政府官员、赞助商、研究机构科研人员、大学者，探讨教育发展的最新趋势，进一步为改善教育系统提供意见。并且除了加强跨校合作交流、加强教育专业组织间伙伴关系外，成员还会以参加电视媒体访谈或者国际会议、小组讨论会等途径与各界利益相关者沟通交流，媒体通信管理者将讨论的内容以文字、视频、政策简报的形式发布在网上，扩大研究成果的传播范围。[③] 开放的人才交流机制有助于大家着手解决同一问题，通过高效的沟通协作机制强化了研究和实践的动

---

① 谷丽：《创新人才需求与开发的模型及应用研究》，科学出版社 2015 年版。

② 周洪宇、付睿：《美国大学教育智库共同体的特点及启示——以美国教育政策研究联盟（CPRE）为例》，《全球教育展望》2017 年第 46（01）期，第 116—128 页。

③ 蒋观丽、文少保：《世界一流教育智库人才配置与管理机制研究——美国的经验与启示》，《高教探索》2021 年第 11 期。

态交流，充分利用各类专业知识，为发展提供最有影响力的分析。

从以上案例中可以得出，良好的人才环境和发展生态是青年人才发展，特别是创新型青年人才发展的重要外部支撑。创新型青年人才的发展和价值实现需要各方面的条件、环境。只有在适宜的人才环境中，创新型青年人才才能够得到培育和发展，才能引得进、留得住、流得动、用得活，实现自由而全面的发展。只有通过自由、自主以及开放包容的教育培养环境，畅通的人才交流协作管理环境，才能更好地实现青年人才创新精神、创新能力等全面发展。

第一，推进教育环境优化，促进教育体制改革创新是青年人才发展的重要支撑。党的十八大以来，习近平总书记反复强调，“实现中华民族伟大复兴，坚持和发展中国特色社会主义，关键在党，关键在人，归根到底在培养造就一代又一代可靠接班人”①。大量国外实践证明，加强本国教育质量是培养创新型青年人才的一个有效措施。高等院校是培养教育人才的重要阵地，营造良好高等教育环境，有利于壮大富有创新精神的青年人才队伍，充分发挥青年人才的积极性、主动性、创造性，营造培养创新型人才的氛围。在高等学校需要重视通识教育、个性化化教育和科研实践能力。② 面对应试教育的缺陷，应该大力推进教育体制的改革和创新，重视对科技创新人才个性化、创造思维、综合素质以及实践能力的培养和改进。个性化教育符合教育规律和个人身心发展规律，是打牢青年人才初期发展基础的必由之路，满足现代社会对多元化青年人才结构的要求。重视创新型青年人才个性化教育，建立个性化的教育模式，培养个性化青年人才对我国的科技人才培养有进步意义，要继续完善和深化学生个性化的教育模式，最大程度地促进学生个性化发展。

创新思维使青年人才在发展过程中摆脱蒙昧状态，是青年人才的必备素质。尊重青年人才的探索能力、创新能力，并借助其创新能力实现对传统知识体系的传承和发展。诚然，现有的教育方式能够让青年人才

---

① 陈希：《必须抓好后继有人这个根本大计》，《人民日报》2021 年 12 月 1 日第 6 版。

② Wright P. M., Boswell W. R., “Desegregating HRM: A Review and Synthesis of Micro Human Resource Management Research”, *Journal of Management*, 2002, 28 (3), pp. 247 – 276.

将现有的知识良好地消化，能够让他们具有较强的社会适应能力。但从知识创新、技术创新的层面讲，需要青年人才具有钻研、创新意识，才能切实推动学科建设和技术进步。从多方面突出创新思维培养，提高大学的创新力，以此为国家的经济建设和经济发展提供创新人才支撑和技术支持。

综合素质教育是青年人才发展的必然要求。加强综合素质教育，着重培养出综合素质高、通识能力强的创新型青年人才是实施科教兴国、人才强国战略的内在要求。通过明确培养创新型青年人才的理念和目标，改革相应的教育制度体系，扎实基础学科教育，让青年人才能够成为专才与通才相结合的全方位人才，进一步扎实推进青年人才发展。对于创新型青年人才而言，其实践能力培养与理论知识学习的重要性是一致的。科研实践能力的提高有利于青年人才更好地将理论所学融于实践，改造客观环境。提高青年人才的主动性和科研热情，激励他们对科研的参与度与关注度，提高青年人才的设计与实践能力，促进青年人才能力的全面提升。例如，麻省理工强调学校旨在牢固基础知识，激发学生提出创造性的问题并培养解决问题的能力。①

第二，探索区域人才协作，实现人才资源共享是青年人才发展重要途径。从欧盟的经验看，在区域经济合作朝共同市场方向发展时，人才的交流及劳动市场的流动是难以阻挡的。通过建立资源共享的通道、利用人才资源网络平台，实施“人才资源区域共享”，才能够有效地防止区域内的过度竞争和无序竞争，也才有助于充分发挥现有人才的潜力和效益；也只有真正建立一种跨行政区域的人才共享机制，经济合作与一体化进程才能真正落到实处。在自愿和互利的基础上，寻找和聘用不同行业、领域的专业技术人才，在实践过程中相互协作，促进青年人才在科技等其他领域的应用，以更好地实现其社会价值。

第三，建设人才集群区是青年人才发展的重要保障。韩国大德科技园区基本上集中了韩国电子、通信、生命科学、精细化工、宇航等高科

① Lisa Tsui, “Courses and Instruction Affecting Critical Thinking”, *Research in Higher Education*, Vol. 40, No. 2, Apr. 1999.

技领域的精英人才，对推动园区的技术研发、技术扩散及技术流动起到了积极的促进作用。[①] 借鉴韩国经验，发挥各自优势，建立“不求所有，但求所用”的机制，谋求共同发展。并适时加强人才管理组织或机构各层面管理人员的交流与合作，拓宽其视野，提高其管理能力和水平，使高校人才资源共享能达到最大效益。

第四，营造自由创新的科学文化氛围是青年人才发展的关键。明确的容错机制，开放、包容的科研环境是确保青年人才能够进行科研产出的制度基础。自由创新的氛围是激发创新青年人才思维创造性的环境基础，也是科研团队形成良好创新氛围的基础，为创新技术人才提供发挥的空间。另外，需要强化人才之间的团结包容，不同观点之间的交流，自由的科学氛围是鼓励每一个青年都能表达自己的观点和看法，鼓励思想的多样性从而达到创新的目的。1976 年诺贝尔物理学奖获得者丁肇中说过，“我的实验未成功时，别人当我是傻子；而成功之后则被誉为天才”[②]，需要给予青年人才以同行人的信心，尊重科研创新人才的课题方向，为之提供民主、宽松的科研氛围，借助浓郁的自由氛围的沃土，促进创新人才茁壮成长。

创新型青年人才发展注重创新意识的培养。营造良好的人才环境能够有效激发人才创新创业活力，推动技术创新和经济社会高质量发展。创造主要是思维的过程，要营造创新“软环境”，重视教育、宽容失败、尊重交流协作，学会成就他人。[③] “党和人民事业发展需要一代代中国共产党人接续奋斗，必须抓好后继有人这个根本大计。”[④] 2020 年，我国制定《中华人民共和国国民经济和社会发展第十四个五年规划和 2035 年远景目标纲要》，确立了到 2035 年建成教育强国、人才强国目标，这些都

---

① 顾建平：《大德科技园区德发展及其推动技术转移的启示》，《中国高校科技》2014 年第 6 期。

② 华章：《为什么是他们：诺贝尔奖背后的启示》，中国水利水电出版社 2006 年版，第 104—105 页。

③ 中共中央组织部人才工作局编：《百名专家谈人才》，党建读物出版社 2012 年版，第 305 页。

④ 习近平：《中共中央关于党的百年奋斗重大成就和历史经验的决议》，《人民日报》2021 年 11 月 17 日第 1 版。

需要通过集聚大批人才才能得以实现。中华民族历来具有尚贤爱才的优良传统，素来强调，“要择天下英才而用之”“要在全社会大兴识才、爱才、敬才、用才之风”。[①] 人才环境好起来了，才能留住人才；人才留住了，人才环境才能够日益优化。创新型青年人才的产生、成长和发展离不开良好的客观人才环境。

第二节　人才评价激励案例

科学的引导、评价人才，对青年人才能够产生积极的影响。青年人才是科学发展的基础，是科技创新的第一要素。国外对人才的评价，一般国内翻译为人才测评，是通过测评工具对人的人格、潜在能力、工作行为风格、领导力、大脑思维偏好等方面按照一定的标准或方法进行测试，并给出相对数据指向性的结果，从而为人才的岗位分配、职位晋升等方面提供理论借鉴的依据。对人才的评价除了考虑被评价对象的能力岗位外，还要考虑正确的评价导向，激励被评价对象的主体意识，激发被评价对象的创新热情。

在人才评价方面，西方发达国家已经将人才测评技术运用到人力资源管理的各个领域，开发出名目繁多、内容丰富的测试技术。日本是从事人才评价工作比较早的国家。在 20 世纪 80 年代，当时风靡日本乃至在世界产生了一定影响的“Performance Maintenance 团体机能法”（PM 法），就是由日本大阪大学教授三隅先生于 1964 年创立的，至今还影响着日本的人才评价工作。自 20 世纪 90 年代以后，日本人对传统的人才评价模式进行了变革，引进“能力主义”的原则，提高评价中能力要素的比重，并开始奉行业绩主义。日本的人才评价应用范围广、评价方法多样。在日本的企业中，除了评价职员的工作表现、业务知识水平外，更重要的是评价其对企业的忠诚度、责任感、工作热情及合作精神。虽然日本较早开始了人才评价，但是目前具有代表性的人才评价模式主要

① 习近平：《深入实施新时代人才强国战略，加快建设世界重要人才中心和创新高地》，《人民日报》2021 年 9 月 29 日第 1 版。

有以英国为代表的发展性评价、以美国为代表的同行评价，以及以德国为代表的多元评价。

“发展性评价理念”是指评价者和评价对象通过双向的、积极的、建设性的评议，既兼顾组织目标，又促进评价对象不断发展，最终实现双方共同目标的过程。① 这样的评价理念有助于激发评价对象的主动性、积极性、创造性，给予被评价对象以正向引导，促进被评价对象成长。英国的“发展性评价理念”以一种积极的、建设性的双向评价方式，着眼于个人动态发展与组织目标实现，实现交互建构的过程。既能关注个体当前的角色担当，也能为未来职业发展提供相应参考。在英国主流的发展性评价理念中，剑桥大学的“员工评议与发展计划”体系完善、特色鲜明、极具典型性。

剑桥大学“员工评议与发展计划”将“发展性评价理论”贯彻在知人用人管理方式中。该制度始终将“提高工作效率，促进职业发展”这一发展性评价理念贯穿于员工评价过程的全部，通过定期的、积极的、建设性的双向评议，不断激发员工的工作激情，释放员工的工作活力，促进员工职业发展并共同实现组织目标。在聚焦共同发展方面，通过兼顾员工职业发展和组织目标实现的“双目标”，既调动了评价各方参与的主动性和积极性，也确保了评价实施的常态化和可持续；在增强双方互信方面，通过“以发展为中心”的充分讨论和双向评议，既增进了互信，充分展现了评价双方的相互尊重与信任，也达成了共识，确保了双方沟通的真实性和有效性；在提供坚实保障方面，通过建立细致、周到的组织保障和发展保障等人性化保障体系，促进员工职业发展。青年时期正处于人生发展的黄金时期，正确认识自身能力和周围环境是成长的关键。“以发展为中心”评估青年人才的潜能及现实表现，促进了青年人才在双向评议过程中成长。

另一种评价方式叫作美国“同行评议”，是指将同一学科领域的专家和学者组成的“共同体”采用一定的标准和程序，对涉及相关领域的

① 杨月坤、查娜：《国外科技人才评价经验的启示与借鉴——给予英国、美国、德国的研究》，《科学管理研究》2020 年第 38 卷第 1 期。

某一事物及相关要素进行评估、评价和判断的方法。通过同行评议实现对人才的科学和客观评价，从而保证人才健康成长。相较于英国侧重于“发展性”，美国的“同行评议”在评价体系中则更侧重于专业性及公平正义，为青年人才的发展提供科学的土壤。美国的“同行评议”制度是实现个人准则与共同准则、局部思维与整体思维、主观因素与客观因素的有效统一的重要途径。根据评价者与评价对象之间的了解程度，同行评议的具体操作形式大致可分为单向隐匿（单隐）、双向隐匿（双隐）和公开评议三种。[①] 三种评议方式无一例外地力求准确平等。因“同行评议”效果较好，其他领域也推广使用，而美国高校教师是否能够进入终身教职序列也依靠的是“同行评议”发挥作用，通过同行专家评议确定。与之相关的还有另外一种考察制度，即高校的“非升即走”预聘制度，在聘期内或聘期结束之前，如果得不到晋升就直接解聘，从而形成竞争和淘汰机制。虽然从不同的角度看，“非升即走”做法导致不少批评，但制度安排的出发点在于营造竞争激励的环境氛围，鼓励青年教师投身于教学科研工作中，并对做出成绩的有潜力的人才做出制度性的鼓励和保障，从而保证了教师队伍的活力与质量。

德国的科技人才多元评价制度更侧重于灵活多元，也注重培养、选拔综合性人才。德国是全球科技创新最为活跃的地区之一，伦琴、普朗克、爱因斯坦等世界著名科学家及诺贝尔奖获得者均产生于德国。德国的科技人才评价制度通过对科技人才的全面观察和综合性评价，实现对科学系统的自我塑形。通过实行内部制度化的评价机制，建立多元化的指标体系，科学系统能够对其自身的效率和绩效进行检验和评估，并不断推进科学系统内部的改革和创新，严格遵循科学研究领域的学术标准和学术规范，避免任何非学术因素的干扰。该制度中用组织机构替代人为的主观和任意、用制度理性取代人际关系，大大提升了评价的公平正义，并且保证了评价结果的公信力和合法性。

以德国大学教师聘任为例，其招聘过程围绕本校（院所）的教学和

---

① 杨月坤、查娜：《国外科技人才评价经验的启示与借鉴——给予英国、美国、德国的研究》，《科学管理研究》2020 年第 1 期。

科研定位制定相应的评价指标，确立相应的评价标准，选择客观灵活的评价方法，自主、公开地评聘各类人才，政府不过多干预。它的主要特点是大学和科研院在科技人才评价中享有较高的自主权。这样的自主权有利于青年人才获得更多机会，通过各种方式发挥自身的能力和特长。德国整个新教授的招聘和评选过程经历多次严格考试，筛选层层把关的总量管理方式也导致了德国教授数量非常少，但它确保了每个新任教授都是各个学科领域的翘楚和学术精英，促进了学术的繁荣和发展。整个国家科技人才选聘和评价的标准与过程具有公开性，在世界范围内广泛遴选。通过应聘、竞争、评价，有利于选贤任能，有利于大学间、大学与社会之间不同学术流派、学术观点和不同学风的交流，活跃学术思想，促进创新和国家整体科学技术的发展。

在青年人才发展治理中，除了要评价好人才外，还要考虑如何运用好评价结果，激励教育青年人才，调动青年人才积极性，为国家创新发展提供源源不断的思想动力。[①] 激励包括多方面的奖励，既包括物质方面，也包括精神方面。不论精神方面还是物质方面的奖励均是对每位青年人才实现自身需求的一种满足。

美国既有国家层面的沃特曼奖与青年科学家和工程师总统奖，也有各部门和学术机构设置的青年科技奖项。另外，在美国硅谷，它的核心激励方法就是有“金手铐”之称的期权制度。硅谷的“金手铐”将人才激励机制与风险投资机制结合，发挥“金手铐”的好处。“金手铐”让企业在现金流短缺的情况下，通过长期激励的股票期权形式，使企业的核心员工有看得见的物质利益，而且随着企业绩效的增长而“水涨船高”。通过这个“金手铐”，硅谷才能吸引众多优秀人才。德国、韩国也设有多项青年科技奖，主要奖励形式是研究经费资助。印度特别注重对青年科技人才的奖励，主要奖励形式是奖金。[②] 各种形式的奖励是激发青年人才上进心、荣誉感和创新潜力的有效方式。

---

① 蒋观丽、文少保：《世界一流教育智库人才配置与管理机制研究——美国的经验与启示》，《高教探索》2021 年第 11 期。

② 国务院发展研究中心：《面向未来的创新型人才发展：制度与政策》，中国发展出版社 2018 年版，第 83 页。

以美国三所教育智库的人才激励机制为例，主要包括以下几个方面：高额工资。大型智库高级员工的年薪能达到十万美元，高额的薪资待遇是智库激励人才的基本途径。除此之外，优厚的福利待遇和健康的工作环境不仅针对三所教育智库的员工本人，还让其家人同样享受。斯坦福国家教育政策中心（Center for Education Policy，SRI International，SRI）在职员工从来不加班，享有生活各项服务以及优惠。教育政策研究联盟（Consortium for policy Research in Education，CPRE）及数学政策研究所（Mathematica Policy Research，MPR）同样为员工及家人提供健康福利、儿童教育、保险福利、带薪假期等福利。① 三所教育智库从生活需求到心理疏导、个人援助等都提供服务，并且无条件提供从实习到晋升的深造机会。整个激励机制让最基本的生存需求到高层次的自我实现的发展性需求都得到满足，激发青年人才热情，统一思想共同为单位、领域发展创造自身价值。

相较于间接性的激励支持，欧盟对于创新型青年人才的激励主要是进行相关工作研究领域的直接资助，欧盟的直接资金支持包括以下三大项目：竞争力与创新框架计划、研发框架计划和欧洲结构基金。这些计划为不同的创新人才提供了不同类型的资助。无论是企业员工、科研人员还是创业人员，都可以通过这些项目获得资助。竞争力与创新框架计划为中小企业的创新行为提供了资助，2007—2013 年的预算总额达到 36. 21 亿欧元，其资助领域涉及多项前沿技术，如可持续能源、生物创新和信息通信科技等。欧盟研发框架计划是欧盟资助科研人才的主体计划。第七研发框架计划（2007—2013 年）主要由合作计划、原始创新计划、研究能力建设计划、人才计划四类资助计划和一个核研究专项计划组成。第七研发框架计划总预算为 532. 72 亿欧元，各个子计划都与人才的培养、引进和使用密切相关。在科研计划中专门设立人才计划是欧盟研发框架计划的独特之处。为了使科研创新人才在各个阶段的发展都得到扶持和帮助，该计划覆盖了各年龄段和公立、私营机构的所有科研人员，尤其注重青年科学家的初期研究、终身学习乃至职业发展。欧盟结

① Maslow, A. H. , *Motivation and Personality*, Harper & Row Press, 1970, pp. 53 – 54.

构基金是欧盟为缩小欧盟不同地区之间的发展差异，促进其经济和社会的统筹发展而拨款设立的基金。[①] 欧盟结构基金通过成员国、地区及地区合作项目对与创新有关的活动进行资助，包括研究合作、技术转让、信息通信技术开发、人才培养、创业等。无论是通过物质方面还是精神方面进行激励的机制，都有利于保障青年人才在安稳的环境中创新发展。

从以上案例中可以发现，评价激励对于青年人才的发展具有至关重要的作用。青年人才作为人才队伍中最具活力和潜力的部分，需要被关注到“避免痛苦的需求和心理发展的需求”[②]，以此来提升青年人才对工作与事业的满意程度，最大限度地发挥价值。青年人才评价激励强调保健因素的基础性作用和激励因素的关键性作用，二者互相渗透、共同作用。通过工作机制、考评体系、薪资报酬等满足青年人才工作、生活需求，再以奖励制度、晋升通道发展空间等激发青年人才内生动力，调动积极性，有效提升效率与质量，甚至创造性地开展工作。注重推动产业创新发展、转变创新人才引进理念等保健因素，并注重建立科学的评价考核体系、改善奖励发展制度等激励因素，将双因素有机结合来发展青年人才。

第一，科学的人才考核评价体系有利于为青年人才发展提供保障。国外高校和科研机构的科研工作人员，在绩效考核时，即使科研项目短期内未看到成果，没有公开发表论文，但只要同行评议结果好，也会被认定为具有贡献。如德国亥姆霍兹联合会（The HelmholtzAssociation of German）在个人绩效评估中彻底放弃了片面的“纯定量”指标，而是基于科研人员工作目标，从科研质量、工作投入、团队协作和专业应变能力四个方面来评价科研人员。法国国家科研中心（CNRS）对研究人员的评估由其下属的“国家科学研究委员会”负责，该委员会成员由知名学者组成。评价内容包括科研业绩与水平、科技成果推广、科技知识传播、人员培训及科研管理等。一是重能力而不重资历，不设指标限制。

---

① Mark, “Exploring an explain variation in cohesion policy”, L. Hooghe ed., *Cohesion policy and European integration: Buildingmulti-level governance*, Oxford: Claredon Press, 1996, pp. 388 – 412.

② Herzberg, F., Mausner, B., Snyderman, B., *The motivation to work*, 3rd., ed., Routledge, 2017, pp. 107 – 132.

美国图书馆员职称评审主要依据《大学教职工与图书馆馆员地位的声明》进行，规定职称评审不受指标限制，只要达到评审条件，通过领导考核和馆员互评就可以顺利晋升。法国国家科研中心研究人员的职称评审与其工作绩效直接挂钩，而不是与资历挂钩。做出重大贡献的科研人员，只要通过该中心科学理事会考核，即通过职称评审。二是考核评价过程公开透明，标准明确。美国图书馆馆员职称评审时，除了领导考评，还有馆员互评，其结论比领导考评更权威。2008 年，法国国家教育、高等教育暨研究部宣布了“2009—2011 年高教和科研职业计划”，提出要强化透明原则，优化科研成果和科研能力评估。三是重视科研人员的品德和诚信，科研人员的薪资、晋升、奖励不仅与其能力、业绩直接挂钩，也与其信用直接挂钩，科研工作受到严格的监督和管理。四是释放青年人才的创新活力，给予青年人才充分的自主权，建立以能力、业绩和品德为导向的考核体系。同时落实分类评价制度，建立有利于科研人员潜心研究和创新的制度环境。

第二，公平的薪资报酬制度有利于提升青年人才的获得感。从美国、英国、德国、日本等发达国家，以及印度、南非等发展中国家的情况看，政府直属科研院所基本采用或参照执行公务员薪资体系，政府资助或托管的科研院所由代管单位制定薪酬制度，但受政府监管，社会化高校和科研院所自定薪酬标准。公立高校在一些国家按公务员管理，如德国；在一些国家则有较大的自主权，如美国。他们能够在宏观薪酬政策指引下，确定工资标准和福利政策，机动灵活地支付教师薪酬。科技人员的薪资以基本工资为主，绩效工资作为补充，还可以享受一定比例的科技成果转化收益。科技人才的收入水平总体上高于社会平均水平，在相对不发达地区高出更多。以市场化为方向完善科技人才薪资制度。按照薪资标准、薪资结构、薪资水平的不同建立针对不同层次的人才激励制度。

第三，合理的科技奖励制度有利于提升青年人才的创新动力。设立面向青年人才的奖励制度，特别是专门面向青年科技人才的奖项，从精神和物质上对优秀科技人才进行激励，有利于激发青年人才的创新激情和动力。奖励制度可以分为荣誉、奖金、科研经费资助等多种形式，根据个人的能力和贡献评选。例如，在韩国还有本人与家属可以享受的医疗待遇等特殊待遇。奖励对象一般是个人；奖励对象如果是项目，再根据项目奖励一定数量的作者的话，容易引导科研人员拼凑大项目，迫使青年科研人员依附大项目，从而不能客观评价个人的能力和贡献。对受奖作者数量进行限制，保证受奖的公平性，同时普遍重视支持青年科技人才，设置专门针对青年科技人才的奖项，以此激励青年人才。

第四，多元的晋升通道有利于青年人才获得更广阔的发展空间。洛克（Edwin Locke）、莱瑟姆（Gary P. Latham）发现目标本身就具有激励作用，使人朝着一定的方向努力，并能够对照既定的目标不断修正自己的行为结果，从而实现目标。[①] 科研人员有自己的晋升通道，有不亚于甚至超过行政管理人员的最高等级。在日本，事务、技术、研究类职员都有各自的晋升通道，都能达到最高薪资等级；在某些高校和科研院所，事务、技术类职员到正职才能达到最高薪资等级，而研究类职员到副职就可以。在英国生物技术和生物科学研究理事会（BBSRC）下属的约翰英纳斯研究中心（John Innes Centre），科研人员可以达到最高薪资标准PC1级，而行政管理人员最高可以达到的薪资标准是稍低的PC2级。[②]日本、英国的做法均表明，科研人员的最高薪资完全可以与行政人员的最高薪资相媲美，甚至超越后者，青年科研人员不必“学而优则仕”。

以合理科学的青年人才的评价与激励机制保障青年人才的发展符合双因素理论中平等与公平的实质，激发青年人才创新意愿，增强经济社会发展活力。在人才培养上，创新型青年人才不足也是明显的“短板”。习近平总书记指出，“只有把关键核心技术掌握在自己手中，才能从根本上保障国家经济安全、国防安全和其他安全”[③]。英国、美国、德国的人才评价及激励经验给我们以启示，在树立发展性评价、重视同行评议方法、建立科学评价制度方面我国需要进一步完善。关注青

---

① Locke, E. A., Latham, G. P., *A theory of goal setting and task performance*, Prentice Hall Press, 1990, pp. 56 – 83.

② 国务院发展研究中心创新发展研究部：《面向未来的创新型人才发展》，中国发展出版社2018年版，第135页。

③ 习近平：《习近平谈治国理政》（第三卷），外文出版社2020年版，第121页。

年人才个体发展的阶段兼顾组织目标和岗位要求，在科技激励方面实行动态调整。

第三节　人才政策引导案例

国家发展靠人才，民族振兴靠人才。创新的时代底色下，建立既有中国特色又有国际竞争比较优势的人才发展体制机制，是实施新时代人才强国战略的重要内涵。[①] 自《国家中长期人才发展规划纲要（2010—2020年）》颁布以来，全国各地纷纷试点人才管理改革试验区建设，人才发展治理在全国蔚然成势，国内有关地区和单位在人才管理上进行了一系列的改革试验，积极探索以创新能力为导向的青年人才发展治理，并取得了一定的发展成效。[②]

人才政策引导治理通常是在一定行政区域或者示范区内先行探索而成，主要是由地方政府主导的，在某个行政区或者多个行政区组成的"经济区域"中规划建设的人才管理改革试验区。这类模式被各省市行政区域广泛采用，以各省市制订的《中长期人才发展纲要》为基础，以各地政府人才规划、人才计划的方式实施，意在提升整个区域的人才竞争力。[③] 人才政策引导模式主要可以分为两种类型：一类是以一个市（地级市）或一个县（市、区）为地理单元建设人才特区，如无锡市在2010年发布《无锡市关于建设"人才特区"的意见》，在整个市域范围内建设人才特区。[④] 又如2018年《河北雄安新区规划纲要》提出，实行开放便捷人才引进制度，创新人才人口管理，建立人才管理改革试验区。另一类是跨行政区建设人才特区，这类人才特区规划建设多以区域合作为基础，如广西壮族自治区以北部湾经济区为基础，深入实施人才强国战略，其人才支持政策提出要以"非常政策、非常措施、非常办法、非

① 蔡秀萍：《向改革要动力用改革增活力》，《中国人才》2022年第1期。

② 吴江：《建设世界人才强国》，党建读物出版社2017年版，第318页。

③ 廖伏树：《新时代我国人才管理改革试验区的发展路径》，《中国人才》2021年第9期。

④ 吴江：《建设世界人才强国》，党建读物出版社2017年版，第334—335页。

常力度加快人才开发步伐，打造北部湾人事改革综合试验区”①；湖南省以长株潭城市群一体化发展为基础，着力探索建设长株潭人才特区；2019年国务院发布《粤港澳大湾区发展规划纲要》，立足粤港澳大湾区背景，提出制定差异化的人才招引政策，形成具有竞争力的区域人才政策体系，促进人才合理流动，最大限度发挥人才效益。结合本书的研究重点，在此以粤港澳大湾区合作示范区为案例代表，探索人才政策引导的治理模式。

粤港澳大湾区（以下简称“大湾区”）包括香港特别行政区、澳门特别行政区和广东省广州市、深圳市、珠海市、佛山市、惠州市、东莞市、中山市、江门市、肇庆市，总面积5.6万平方公里，2017年年末总人口约7000万人，是我国开放程度最高、经济最活跃的地区，是国家建设世界级城市群、参与全球竞争的重要空间载体。② 推进粤港澳大湾区建设，是以习近平同志为核心的党中央做出的重大决策，是习近平总书记亲自谋划、亲自部署、亲自推动的国家战略。在2018年5月24日，国务院发布《进一步深化中国（广东）自由贸易试验区改革开放方案》的通知中，“粤港澳大湾区合作示范区”为官方文件首次提及的概念。2019年2月18日，中共中央、国务院印发《粤港澳大湾区发展规划纲要》，在分析大湾区建设条件的基础上，明确提出“五大战略定位”“三大空间布局”及“七大建设”举措，为大湾区建设完成了顶层设计，粤港澳大湾区人才工作也随之迎来新任务。

为了掌握人才与创新的优势主导权，大湾区先后通过放开户籍制度、加码人才奖励等政策，从各个领域全方位出击，对各方面人才政策进行完善。2018年11月至2019年3月，《广东省人才工作发展条例》和《深化人力资源社会保障合作推进粤港澳大湾区建设战略合作协议》相继发布，积极为粤港澳大湾区建设提供人力资源社会保障支持服务，创新驱动新时代人才工作。2022年3月31日，粤港澳大湾区（广东）人才港正式开港。在人才港，大湾区人才可享受安居落户、子女入学、交

① 高丹：《深化广西北部湾人才特区建设的思考》，《中共南宁市委党校学报》2019年第4期。

② 参见《粤港澳大湾区发展规划纲要》，人民出版社2019年版，第1页。

流培训、项目对接等全方位、全链条、一站式人才服务等政策保障。在大湾区各地人才政策持续发力下，人才资源加速集聚、政策体系不断完整、人才效能显著提升。作为世界级大湾区是全球头部经济体，粤港澳大湾区是新科技、新产业的策源地，是跨国公司总部的集聚地和所在地区的门户枢纽，具有全球性的资源配置能力和强大的辐射带动功能。面向未来，粤港澳大湾区建设将依靠其自身资源产生的内聚力和吸附力，促进人员、物资、资金、信息便捷有序流动，建设发展活力充沛、创新能力突出、产业结构优化、要素流动顺畅、生态环境优美的国际一流湾区，为粤港澳发展提供新动能，为内地与港澳更紧密合作提供示范，为青年人才创新创业、自由发展提供更广阔的空间。

首先，因地制宜完善人才政策。为助推城市产业转型升级，促进创新创业人才优先发展，激发人才创新创业活力，2018 年 11 月 29 日广东省人民代表大会常务委员会通过并公布《广东省人才工作发展条例》（以下简称《条例》），这是广东省人才工作法治化的有效探索，标志着大湾区人才工作进入法治化建设新阶段。《条例》从人才培养开发、人才引进与流动、人才评价与激励、人才服务与保障四个方面对广东省人才工作进行了顶层布局，为大湾区九市人才工作提出了新要求。2019 年 3 月 22 日，人力资源社会保障部与广东省人民政府签署《深化人力资源社会保障合作推进粤港澳大湾区建设战略合作协议》，提出共同推动人力资源社会保障重点领域和关键环节深化改革，为粤港澳大湾区建设提供人力资源社会保障支持服务，进一步为大湾区城市人才工作指明了方向。整体来看，大湾区各地通过以政府为主导的各项政策支持通过多种激励方式吸引外地人才，培养与留住本地人才，提升当地自主创新能力和科技研发水平。[①] 截至 2017 年 12 月，大湾区各地推进了“珠江人才计划”和“孔雀计划”等多种人才政策，推动高层次人才引进进程。深圳和珠海等地既对诺贝尔奖获得者进行激励，也鼓励海外留学人才回国创新创业。以《深龙创新创业英才计划实施办法》为例，龙岗区创新创

① 黄振宇、陈鑫：《粤港澳大湾区政府人才引进问题及对策研究》，《就业与保障》2020 年第 17 期。

业人才既包括两院院士、诺贝尔奖获得者等顶尖人才，也包括拥有博士学位、海归等相对大众的创新创业人才。在人才政策中均对人才载体和平台进行了资金扶持，例如《南山区鼓励和支持人才创新创业发展办法（试行）》等。通过优化政策环境，进一步加快高端人才引进步伐，加速人才载体发展，力求提升自主创新能力，推动地方经济发展。

结合地方经济发展的实际情况，因地制宜"补缺、补软、补短"，有针对性地引进人才。[①] 例如，设立人才基金，带动地方经济活力，并通过独立的人才基金管理办法规范人才基金。深圳在《关于实施"鹏城英才计划"的意见》提出要将深圳市人才创新创业基金总规模由80亿元扩大至100亿元。广州黄浦区则在《广州市黄浦区 广州开发区"黄浦人才"实施办法实施细则》即"美玉十条"中，对黄浦人才基金进行了详细说明及规范。惠州市人力资源和社会保障局印发《惠州市"东江菜师傅"工程实施方案》，打造特色技能人才队伍，因地制宜落实广东省"粤菜师傅"工程。东莞市出台了《东莞市"十百千万百万"人才工程行动方案》以统筹全市人才工作，有利于东莞补足人才短板，促进人才队伍全面发展。佛山市禅城区制定了《佛山市禅城区泛设计人才引进扶持暂行办法》，以集聚一批富有竞争力和创新能力的海内外高、精、尖设计人才，加快发展禅城区设计服务业，打造"设计之都"。江门市政府颁布"一号文件"《关于进一步集聚新时代人才建设人才强市的意见》，以江门人才岛、全国博士后创新（江门）示范中心和五邑大学三大人才品牌为抓手，全力建设大湾区人才高地。在粤港澳大湾区建设中，各地政府将人才政策作为人才引进、人才流动集聚的推进器，通过人才立法、共有产权房、人才绿卡、政府猎头等创新举措，构建在全国范围内具有领先优势的多层次人才体系，为地方经济发展积蓄新动能。

其次，健全人才服务政策体系。强化服务，通过提高基础与业务服务效率，包括办理人才落户、子女入学、社会保险等相关事宜，进一步完善服务体系。一方面，人才落户政策已从降低落户门槛转变为提高服

① 郭跃文、刘伟、任志宏：《粤港澳大湾区建设报告（2020—2021）》，社会科学文献出版社2021年版，第323页。

务效率。通过优化落户服务，提高人才落户审批效率，深圳发布的《深圳市普通高校应届毕业生引进和落户“秒批”（无人干预自动审批）工作方案》改革了高校应届毕业生接收申报模式，即增加个人申报方式，取消现场报到环节，实现系统“秒批”。另一方面，积极保障引进人才子女能享受到满意的入学服务；佛山市顺德区在《顺德区高层次人才子女入学管理办法（试行）》规定落户该区的高学历高技术人才、优秀企业（科研机构）紧缺适用人才可在一定范围内跨学区为子女申请公办学校入读资格；突出贡献人才的子女可在全区范围内申请入读基础教育阶段各类学校。[①] 此外，不断优化升级人才医疗保障政策。在医疗保障方式、医疗服务、医疗保障覆盖方面，提供强有力的支持，以提升人才医疗保障服务。[②] 广州市海珠区、黄浦区和南沙新区均在体检服务的基础上，给予高层次人才不同金额的商业医疗保险补贴。大湾区各地针对高端人才先后提出了导医、外籍人才支付网络、“南山看病易”智慧医疗等服务形式，人才医疗服务方式多种多样，并趋于高端化和综合化。广州市黄浦区向人才提供的医疗津贴不仅可用于补贴人才本人商业性医疗保险费用，而且可用于其配偶及未成年子女购买商业性医疗保险；部分地区将对高层次人才的高质量医疗保障服务扩展至直系家属，东莞市、珠海市均为高层次人才及其直系亲属提供了就医绿色通道服务。

最后，完善人才评价和交流政策。“人才评价应当突出品德、能力、业绩导向，注重标志性成果的质量、贡献、影响，不唯论文、职称、学历、奖项论，发挥政府、用人单位、行业协会等评价主体作用，分类建立人才评价机制。”[③] 打破唯文凭、唯职称的刻板成见，中山市在人才认定机制方面进行创新，综合考虑报酬、纳税、职位等其他情况，拓展多元化评价体系。通过企业人才认定与评定相结合的方式，中山市把人才的科研创新能力、业绩贡献情况和行业社会评价纳入评价指标，凸显市

---

① 郭跃文、刘伟、任志宏：《粤港澳大湾区建设报告（2020—2021）》，社会科学文献出版社 2021 年版，第 324 页。

② 郭跃文、刘伟、任志宏：《粤港澳大湾区建设报告（2020—2021）》，社会科学文献出版社 2021 年版，第 266 页。

③ 陈敏、苏帆：《改革开放 40 年广东科技人才政策发展历程研究》，《科技管理研究》2020 年第 7 期。

场导向作用。把部分人才评价权给予企业主，建立以能力、业绩、贡献为导向的企业人才评价机制，使得人才认定机制更客观、科学。[①] 2019年11月5日，广东省人社厅印发《关于推进粤港澳大湾区职称评价和职业资格认可的实施方案》，方案从构建全面开放的粤港澳大湾区职称评价体系、推进粤港澳大湾区各领域职业资格认可，促进港澳人才在大湾区内地便利执业、完善粤港澳大湾区人才评价融合发展机制等三方面，推进粤港澳大湾区职称评价和职业资格认可，完善粤港澳大湾区人才评价融合发展机制，进而促进粤港澳大湾区人才自由流动。

一方面，积极加强人才交流，促进人才合作。2019年4月，深港合作会议在深圳举行，会议为双方未来两年合作定下明确方向和目标，进一步完善了深港合作机制。2019年5月7日，宁波—香港高端专业人才合作与发展对接洽谈会在香港举办，会议通过建立教师培训基地、共建课程开发平台、推进两地青少年交流等形式，建立了香港与宁波长期的交流合作关系。2018年11月，第一次“川澳合作会议”在澳门特区政府总部举行，四川省政府与澳门特区政府签署《川澳合作会议机制安排》，建立常态化合作机制以推进两地在人才、科技等领域合作交流。2019年1月，深澳合作会议在澳门举行，会议就推进相关领域合作充分交换意见、并签署青年实习就业等合作协议，有效推进澳门人才引进战略进程。另一方面，大力推进技术技能人才培育工作，深化产教融合、校企合作，促进劳动力实现更高质量就业。2019年1月11日，珠海市人力资源和社会保障局印发了《珠海市企业新型学徒制实施办法》，提出建立企业新型学徒制。企业新型学徒制采用政府引导、企业主导、院校参与，采取“企校双制、工学交替”培养模式，以“招工即招生、入企即入校、企校双师联合培养”为主要内容，开展企业新型学徒培养工作，如广东凝练出以“双元育人、双重身份、交互训教、工学交替、在岗成才、校企一体化育人”为内涵的人才培养理论。[②] 同时，港澳不断

---

① 孙殿超、刘毅：《优化粤港澳大湾区科技创新人才评价体系的对策分析》，《中国科技人才》2021年第6期。

② 黄文伟、贺蓓蓓：《现代学徒制典型性问题的分析与破解——基于广东现代学徒制标准研制的实践视角》，《职教论坛》2017年第4期。

鼓励当地研究所、高校与内地机构展开合作，引育产学研人才。2018 年 12 月，香港科技大学与广州市人民政府和广州大学签署协议，合作筹建香港科技大学位于广州市南沙区的分校。2019 年 1 月，中国科学院与香港高校成立的联合实验室相继揭幕。这些联合科研创新机构和科研项目将通过引入国际标准、共享科研设施、共建重点实验室等措施，通过优化人才发展环境，进一步增强大湾区对高层次的吸引力。

从以上案例可以发现，政策引导是人才发展的重要保障。拥有一大批创新型青年人才，是国家创新活力之所在，也是科技发展希望之所在。人才政策引导主要是由地方政府主导，在创新型青年人才的吸引、开发、培养过程中更加突出政府引领、市场导向作用，同时也注重国际视野的拓展和全球意识的增强，重视人才服务与保障工作，通过搭建更具开放性和国际化的平台，充分发挥青年人才的主观能动性。

第一，制定多元化、市场化的人才吸引政策，有利于实现精准引才。2017 年粤港澳大湾区建设首次写入政府工作报告，正式上升为国家战略。为了抓住粤港澳大湾区成为国家战略的重大机遇，粤港澳大湾区各市纷纷出台科技人才建设的相关政策。政府对人才发展进行系统性的规划，在整体规划前提下，分阶段制定人才政策。但在很多微观的领域，则由市场来承担职责，鼓励社会力量参与人才工作。在坚持政策多元化的同时，以地区需求为导向，充分考虑地方经济发展、产业结构等情况，致力吸引不同层次、不同领域人才。以市场需求为导向，充分发挥市场机制在创新要素配置中的决定作用，同时坚持多元与差异并举的人才政策，有利于青年人才的协同发展，在人才工作中做到激活“存量”，引进“增量”，创新“变量”。

第二，形成开放性、国际化的人才平台支持政策，有利于拓宽聚才渠道。相比世界其他湾区，粤港澳大湾区具有独一无二的“一个国家、两种制度、三个法律体系”的特点，大湾区充分发挥中国香港、中国澳门在知识产权、语言环境、法律法规等方面的国际化优势，吸引海外人才。[①] 在“人才国际化”探索中表现出了较强的国际性和战略性特征。

① 李世兰：《广州打造粤港澳大湾区人才高地的思考》，《探求》2021 年第 6 期。

以深圳市为例，为了实现“让深圳不仅是中国的深圳，更是世界的深圳”的国际化都市定位，深圳制定了专门针对海外人才的“孔雀计划”，并给予海外人才一系列特殊优待。通过优化人才环境聚集优秀人才，实施更加积极、更加开放、更加有效的人才政策，形成具有吸引力和国际竞争力的人才制度体系，努力聚天下英才而用之，推动人才国际化进程，加强科技、文化碰撞交融。①

第三，构建配套化、优质化的人才环境政策，有利于保障拴心留才。习近平总书记指出：“环境好，则人才聚，事业兴，环境不好，则人才散，事业衰。”② 要实现人才“引得进、留得住、发展好”，关键是优化人才发展环境。大湾区各市、区着力于提供有国际竞争力的产业支撑和发展机会，广州、深圳、佛山、江门等地均提出人才战略与产业战略应相互支撑，积极建设人才载体，通过建设人力资源服务产业园，集聚一批国际先进、国内知名的人力资源服务机构，推动人才服务水平显著提升。③ 同时，积极加快生活配套保障设施建设，为优秀人才提供良好的住房、养老、医疗、子女教育等公共服务。珠海市、广州市全力优化人才服务环境，佛山市则将优化城市文化形象和生活配套环境摆在突出位置。由此可见，良好的人才服务保障机制和开放包容的社会氛围，为人才发展提供了宜居乐业的干事创业环境，有利于加速人才成长和提高人才的水平。

第四，健全人才激励和评价政策，有利于充分发挥青年人才的主观能动性。人才激励是一个综合性的过程。大湾区各市、区除了制订各具特色的人才政策措施和人才支持计划外，还积极推进人才工作体制机制创新，建立健全人才的激励和评价机制，努力形成有利于人才创造活力竞相迸发、各类优秀人才脱颖而出、人尽其才的体制环境。④ 一方面，建立以职业能力为核心、以企业需求为导向、以行业认可为标准的人才

---

① 中国人才创新创业优质生态圈评估研究课题组：《中国人才创新创业优质生态圈发展报告 2020：京沪杭及粤港澳大湾区》，中国社会科学出版社 2020 年版，第 80—81 页。

② 中央文献研究室：《习近平谈治国理政》，人民出版社 2014 年版，第 61 页。

③ 陈杰、刘佐菁、苏榕：《粤港澳大湾区人才协同发展机制研究——基于粤港澳人才合作示范区的经验推广》，《科技管理研究》2019 年第 4 期。

④ 萧鸣政、张湘姝：《加快推进粤港澳大湾区人才高地建设》，《中国人才》2021 年第 8 期。

评价体系。东莞市积极深化人才评价机制改革，重点推动鼓励企业、行业协会根据自身生产工序开展人才评价，为人才发展松绑，激发人才创新创业活力。另一方面，构建基于成果导向的科技创新人才激励机制，推行技术和知识产权持股制，按照科技创新人才对知识、技术、专利等生产要素的产出与贡献，对科技创新人才实施股权和期权激励措施。此外，逐步建立政府间接投资的高层次创新人才引入激励方式。依托粤港澳大湾区发展中提供的创新创业项目，高层次创新人才可以通过认购股份的方式，与政府和企业形成利益共享、风险共担的关联，促进人才与区域经济的互动式发展。[①] 青年人才评价激励体系和评价体系是保障青年人才发展的重要支撑，良好的组织管理机制有利于提升青年人才的主动性和积极性，激发青年人才的创新热情。

第五，形成区域性、协同性的人才合作政策，有利于创新育才模式。区域内各地的人才合作是青年人才社会互动的一种有效形式，有利于增强区域人才竞争力，进而带动区域整体经济发展。同时，加快高等教育及科研机构建设，加强产学研合作，推动创新型科技人才向企业集聚。[②] 目前，港澳与内地频繁开展合作会议，与内地人才交流不断深化，促进创新能量释放。粤港澳大湾区“九市两区”将合作成立“粤港澳大湾区人才发展联盟”，未来将每年定期召开人才工作会议，探索大湾区人才交流合作与人才工作创新的路径，提升大湾区的整体人才吸引力，促进大湾区整体向前发展。探索“学校 + 企业”“学校 + 社会力量”模式，推进港澳高校在大湾区内地合作办学，鼓励境外高水平企业和一流教育机构开展试点，独立开办高等学校。同时，积极建设以企业为主体，高校、科研机构共同参与的产学研合作平台。通过整合企业、高校、科研机构资源，合作开展科研与生产活动，有利于提升青年科技人才的技术创新集成能力、成果转化能力。[③]

---

① 赵超：《推进粤港澳大湾区科技人才队伍建设》，《中国人才》2021 年第 6 期。

② 陈杰、刘佐菁、苏榕：《粤港澳大湾区人才协同发展机制研究——基于粤港澳人才合作示范区的经验推广》，《科技管理研究》2019 年第 4 期。

③ 李楠、刘晓琪、时芸婷：《粤港澳大湾区人才高地建设中的问题及对策建议》，《广东经济》2021 年第 6 期。

第四节 人才行业治理案例

人才行业治理是某个行业、某个领域的机构，如在企业、高等院校、科研院所、文化卫生机构等，针对长期存在、具有全局性和普遍性的机制体制问题进行改革试验，创新人事人才治理的方式和过程。[①] 以高等院校为例，南开大学以国家重点研究基地为载体，建设人才管理改革试验区；武汉大学提出建设博士后人才管理改革试验区；还有的高校提出建设“学术人才管理改革试验区”。企业也积极进行人才管理改革试验区的探索，如阿里巴巴集团实施“人才储备计划”战略，在全球多点设立的科研机构“达摩院”；中核集团从 2018 年开始建设人才管理改革试验区，启动科研院所薪酬改革，力推科技成果转化；此外，中国科学院物理研究所、北京生命科学研究院、光启高等理工研究院等科研院所也积极把握时机，采用与国际接轨的管理和运行机制，培养和集聚一大批具有较高知识层次和创新能力、具有较强适应能力的高技能人才。结合本书的研究重点，在此以中国科学院物理研究所为案例代表，探索青年人才行业治理模式。

中国科学院物理研究所（以下简称“物理所”）成立于 1950 年 8 月 15 日，其前身是成立于 1928 年的国立中央研究院物理研究所和成立于 1929 年的北平研究院物理研究所，1950 年在两所合并的基础上成立了中国科学院应用物理研究所。[②] 物理所是我国物理研究最顶尖的研究所之一，它是以物理学基础研究与应用基础研究为主的多学科、综合性研究机构，担负着开展原创性基础研究、培养优秀科研人才、建设世界一流研究所、探索与国际接轨而又符合中国发展的科研运作机制的历史使命。经过几代科学家的不懈努力，迄今为止，已有 70 多位院士先后在物理所工作过。既有严济慈、施汝为、钱三强等老一辈杰出科学家，也有赵忠贤、王恩哥、高鸿钧、向涛、汪卫华等仍在科研一线科学家。物理所现

① 吴江：《建设世界人才强国》，党建读物出版社 2017 年版，第 335 页。

② 中国科学院物理研究：《中国科学院物理研究所简介》，http：//iop. cas. cn/gkjj/skjj/，引用日期 2022 年 2 月 27 日。

已发展成为国内最重要的凝聚态物理研究和人才培养基地，并得到了世界同行的高度评价。在青年人才治理方面，物理所也积极探索实践，形成了很有特色且积极有效的经验。

物理所是以物理学基础研究与应用基础研究为主的多学科、综合性研究机构。研究方向以凝聚态物理为主，包括凝聚态物理、光学物理、原子分子物理、等离子体物理、软物质物理、凝聚态理论和计算物理、材料科学与工程等。超导、拓扑、纳米、表面、极端条件等多个学科走在了世界科技最前沿。其战略定位是“面向国家战略需求，面向世界科技前沿”，发展目标是“建成国际一流物质科学研究基地”。长期以来，物理所立足国际科学前沿，在基础研究方面，取得一系列原创性重要研究成果。同时，物理所积极探索青年人才培养、引进、使用等方面的有效途径，坚持“按需引进、分层引进、质量优先”，注重人才引进标准，严格引进程序，确保人才引进质量。①

第一，搭建开放性研究平台集聚人才。自组建以来，物理所坚持引进海外人才和自主培养人才并重，无论是引进的国家“千人计划”、中国科学院“百人计划”专家，还是国内培养的青年学者，均为人才发挥作用创造同等条件。物理所把培养国内人才作为“人才强所”主体，成立“青年学术小组”，设立“科技新人奖”，不断加大人才自主培养力度。截至2022年2月，物理所共有科技新人奖32人，“青促会”② 会员48人。同时，积极招聘刚做完博士后的年轻海归，开展前沿领域的探索。这些30岁出头的年轻人在国外都没有独立领导过实验室，但回国后，他们仅在《自然》《科学》《物理评论快报》等国际顶尖科学刊物上发表了一批高水平论文，在物理学前沿领域创造了许多重大原创性成果。物理所积极参与国际合作，建立国际研究中心、国际量子结构中心等国际化平台，吸引海外顶尖科学家前来开展合作研究，先后与国际上多家顶尖科研机构开展合作与交流，建立起了长期、稳固的友好合作关系，

① 中国科学院物理研究：《中国科学院物理研究所简介》，http：//iop. cas. cn/gkjj/skjj/，引用日期2022年2月27日。

② 注：“青促会”，即中国科学院正式成立青年创新促进会，是中科院对全院35岁以下的青年科技人才进行综合培养的创新举措。

加强与国际顶尖机构联合培养博士后工作。2020 年，物理所在研国际合作项目 33 项，在研重点国际合作项目 15 项，在研卢嘉锡国际团队 3 个；同时，获批国家引才引智示范基地，与多所大学设立了联合培养博士后项目；并设立“国际青年学者学术报告”，邀请海外青年学者进行线上学术报告交流。每年来访物理所的海外学者达 500 多人次，每年物理所各类人员出访参加国际学术会议、进行学术访问等达 700 多人次。①

第二，推进全链条稳定支持科技创新。物理所对新入所研究人员给予的稳定支持，极大地鼓励了一批“青椒”。物理所为新入所研究人员提供充足的启动经费和实验室面积，新入所研究人员六年内不需要接受任何考核，工资为年薪制。2009 年，刚从国外回到物理所工作的研究员胡勇胜把目光转向了冷门的钠离子电池，受到了许多的质疑，好在所里一直给予胡勇胜及其团队极大的信任和支持。在此期间他们不必为了考核、为了经费而被动改变研究方向。受益于此，胡勇胜在最初的六年里，并没有因研究方向“冷门”而遭遇任何不公，也从没有为经费不足烦恼担忧，六年的潜心研究，为胡勇胜团队成果的集中爆发奠定了坚实的基础。截至 2021 年 11 月，团队研发的全球首款具备自主知识产权的钠离子电池已实现量产，推出首套全球最大的兆瓦时钠离子电池储能系统。②稳定的经费支持，减少了各种名目繁多的评估，也避免人才被“帽子”“头衔”扰乱心神，让这群处于创造力高峰、满怀激情的年轻科学家，心无旁骛地在物理科学研究的最前沿奋力奔跑，保障了人才潜心科研。同时，物理所坚持以人为本的人才发展制度创新，关心和改善人才的生活条件，充分利用自身的资源，为新入所的科研人员提供具有竞争力的薪酬待遇，解决好他们在户口、住房、医疗、就业、子女教育、社会保障等方面的实际问题，坚持“科研人员是一线，行政人员是二线，二线为一线服务”，形成以科研为重心、以人才为中心的管理服务体制，让青年科学家聚精会神做科技创新。

① 吴月辉：《健全科学评价考核机制保障人才潜心科研——中国科学院物理研究所全力为人才发展做好服务保障》，《人民日报》2021 年 11 月 22 日第 19 版。

② 吴月辉：《健全科学评价考核机制保障人才潜心科研——中国科学院物理研究所全力为人才发展做好服务保障》，《人民日报》2021 年 11 月 22 日第 19 版。

坚持科学化评价管理，建立科研自主与国际评价结合机制。早在1984年，物理所就引入了研究组竞争机制，以基础研究的创新性和研究组的绩效为依据，实行对研究组的评估制度。并对研究组的评估目标也由最初的“优胜、劣汰”转移到“激励多出成果，凝练科研目标”。在不断改革、调整中，物理所坚持科研自主、成果导向，通过在实践中评价人才，引导人才踏实做事，同时也积极引入国际接轨的高层次创新人才评价，建立健全科学评价考核机制，保障人才潜心科研。[①] 物理所领导班子坚持：既要吸收外国优秀人才，也要培养扶持国内学者。不拘一格降人才，“英雄不问出身”，拿成果、实力说话。[②] 2004年，曾经长期在美国著名实验室工作的周兴江回到物理所担任超导实验室主任后，全身心投入仪器研制，在设备搭建过程中多年没有发表论文。最终，周兴江研制成功多项设备，为中国科学家在铁基超导领域的突破提供了强有力的技术保障，也为他的后续研究奠定了更为坚实的基础。2012年，金魁学成归国，来到物理所超导国家重点实验室工作。回国前，他就已做出优秀的科研成果，在《自然》上发表过论文。但在物理所，没人有“特殊待遇”，最有分量的研究员职称评审也非常严格。这得益于物理所的科学评价机制和出大成果导向，很多科研人员可以认真踏实地做自己感兴趣的事，享受追求科学本质以及与国际同行竞争的喜悦。[③] 中国物理学会理事长詹文龙院士在物理所举办90周年所庆论坛致辞中指出，“物理所有比较先进的国际评价体系，真正做到了海纳百川，任人唯贤，不问出身，不问帽子”。

第三，发展多元性创新文化。坚持不问出身、公平竞争，以开放包容的学术氛围激发人才创新活力。对基础研究而言，科学家自身的兴趣和好奇心是推动科研创新的原动力，激发兴趣和维系好奇心的关键是提供宽松、平等、开放的学术环境。2017年6月，翁红明和两位同事石友国、钱天带领团队首次观测到“三重简并费米子”，引起国际物理学界

---

① 王生林：《中科院物理所凝炼科研目标建设创新队伍》，《科学新闻》2000年第34期。

② 陆琦：《中科院物理所：创新“沃土”是怎样造就的》，《求知导刊》2014年第2期。

③ 吴月辉：《健全科学评价考核机制保障人才潜心科研——中国科学院物理研究所全力为人才发展做好服务保障》，《人民日报》2021年11月22日第19版。

关注。石友国、翁红明、钱天三位青年科学家一次喝咖啡时的“思想碰撞”，也成为物理所科研团队继拓扑绝缘体、量子反常霍尔效应、外尔费米子之后，在拓扑物态研究领域取得的又一次重要突破。物理所一直致力于营造“宽松、平等、开放”的创新文化，让年轻人潜心科研、醉心科研，努力打造展现人类智慧之美的创新平台。深入人心的平等理念换来的是学术上的积极讨论和坦诚批评，物理所提倡百花齐放、百家争鸣，无论学术泰斗，还是刚入所的科研“青椒”，在科学问题面前人人平等，几代科研人员共处一室，公开辩论的场面随处可见。在物理所，各个实验室之间、实验室与技术辅助中心之间，科研上的合作是家常便饭。

从以上案例中可以发现，在行业层面坚持“择天下英才而用之”、多种政策协同支持、健全人才评价机制、积极发展创新文化，有利于进一步实现有效引才聚才、保障持续科研产出、激发创新活力，实现人才全面发展。

第一，“择天下英才而用之”是引才聚才的有效途径。物理所积极构建开放的国际化研究平台，遵循人才成长规律，择天下英才而用之。对优秀中青年科技人才的选拔和培养是创新队伍建设的关键。物理所自进入创新工程试点以来，不失时机地从国内外吸引优秀人才。充分利用经济全球化和我国改革开放的良好机遇，利用为创新型科技人才提供的干事创业的大空间和大舞台，抓住当前人才引进时机，以时不我待、求才若渴的精神广揽天下英才。仅在 1999 年一年就吸引 22 名优秀人才，其中一半以上具有博士学位，海外留学回国人员有 9 名，5 名被批准为“引进国外杰出人才”。同时，完善引进人才的政策环境，在一批熟悉物理学领域的顶尖科学家创新理念和纯学术标准下，一批非常年轻的优秀人才经过专业的评价和筛选被选拔到物理所创新团队，而且对于最有潜力的青年优秀人才，赋予高度的创新自主权和资源配置权，又配以国际一流评价和压力机制，在引才聚才方面产生了非常积极的效果。[①] 从物理所发展的成功探索看，以“海纳百川”求才之度，拓宽多元的引育途

① 王生林：《中科院物理所凝炼科研目标建设创新队伍》，《科学新闻》2000 年第 34 期。

径，培育肥沃的干事创业“土壤”，“在全社会大兴识才、爱才、敬才、用才之风”，营造人才辈出的良好环境。

第二，协同支持是持续科研产出的基本保障。中关村是国家引进海外高层次人才的特区，而物理所则在中关村这个特区不断发展的大背景下成长。物理所除了聚焦基础前沿问题，扎根中关村外，还积极参与北京科创中心怀柔科学城、粤港澳大湾区科创中心松山湖材料实验室以及长三角研究中心建设。作为服务国民经济的主战场，物理所也在政府人才工作的有效措施中受惠，如“千人计划”、高层次人才、领军人才等一系列人才政策，同时在科研条件平台建设、研发项目安排等方面给予了光物理所一系列的支持，各项政策从实际上考虑了问题，并积极有效地推动实施。除政府政策支持外，物理所坚持“一流人才一流待遇”，提供有竞争力的薪酬福利待遇，实行薪酬动态增长机制；积极为研究员们提供充足的启动经费和实验室面积；支持申请“海外优青”等国家和中科院人才项目，获得的各类人才项目支持在单位支持的基础之上累加。此外，物理所为研究员们提供事业编制、解决北京户口、保障住房等，为青年人才解决后顾之忧。多种政策全链条协同支持是激发创新活力与培养创新土壤，也是持续科研产出的基本保障，这对于众多优秀人才尤其是研发人员来讲，是有非常大的吸引力度的。一方面对在海外留学的青年博士和博士后形成较好的吸引力；另一方面也因科研人员衣食住行有保障，解决了生活的后顾之忧，使他们可以全心全意搞科研，为研究所创造更多价值，对于创新城市的建设起到了非常重要的作用。

第三，健全人才评价是人才全面发展的重要因素。和国内不少研究机构一样，物理所也一度以论文发表量作为唯一评价标准。在实施这一评价方式的较早期，物理所发表科学引文索引（SCI）论文数及论文引用数，还在全国科研机构中“连续 12 年位居第一”。随着我国科研实力的增强，在由“跟跑”向“并跑”“领跑”转变过程中，唯论文的评价标准已明显不利于原创性重大成果的出现。[①] 物理所及时改革，于 2009

① 吴月辉：《健全科学评价考核机制保障人才潜心科研——中国科学院物理研究所全力为人才发展做好服务保障》，《人民日报》2021 年 11 月 22 日第 19 版。

年 6 月废止论文奖励办法，实施了“国际评价”和“学术交流”相结合的考核评价方式。提出建立符合科研规律的经费支持、项目管理机制，给科研人员更大的自主权，保障足够的时间做科研。[①] 作为中科院首批“百人计划”从美国招聘回国的第一位科学家，王恩哥在物理所的体制、机制创新上，大胆改革探索：在学术布局上，强调与国际研究前沿接轨；在国际学术交流上，创立了由海内外一线青年科学家组成的研究团队；在评价标准上，率先采用国际同行评价的方式；在职称评定等问题上，按学术水平衡量，不受其他因素干扰。[②] 人才评价工作更加强调成果质量和价值，破除唯论文数量、只看刊物级别倾向，也使得中科院物理所吸引并聚集众多人才，成为国际物理学界标志性的研究中心之一。人才评价是人才队伍建设的指挥棒，人才评价导向直接关系着人才发展生态。通过建立科学的青年人才分类评价机制，营造尊重青年人才的社会氛围，有利于树立正确用人导向、激励引导人才职业发展，为青年人才提供充分发挥其潜能的良好环境，也为人才不断涌现提供强有力的支持。

第四，积极发展创新文化是激发创新活力的关键手段。物理所始终走在改革的最前列，这不仅体现在卓越的科研成果上，也体现在创新文化的培养上。物理所特别追求学术上的平等与自由，努力营造学术争鸣的氛围，包容不同学术观点。长期以来，物理所始终秉持“穷理、有容、唯才、同德”理念，发展多元性创新文化，营造“宽松、平等、开放”的学术氛围和学术环境。[③] 比如，物理所的咖啡厅在圈内享有盛誉，激发了各路“科学大咖”思想碰撞，营造出良好的文化氛围。无论学术泰斗，还是刚入所的学者，在科学问题面前人人平等，几代科研人员共处一室，公开辩论的场面随处可见。正是在这样的良好氛围中，创新文化蓬勃发展，物理所一代代年轻科研人员也得以茁壮成长。2014 年 6 月 9 日，习近平总书记在中国科学院、中国工程院院士大会上提出“要在

---

① 周兴江：《改革经费管理为科研人员松绑》，《人民日报》2010 年 10 月 15 日第 20 版。

② 吴晶晶：《“百人计划”第一人，带出一流研究所》，《新华每日电讯》2009 年 1 月 19 日第 7 版。

③ 王静：《栽下梧桐树引得凤凰来——中科院物理所创新文化体系的活力与动力》，《科学新闻》2002 年第 10 期。

全社会积极营造鼓励大胆创新、勇于创新、包容创新的良好氛围，既要重视成功，更要宽容失败，完善好人才评价指挥棒作用，为人才发挥作用、施展才华提供更加广阔的天地”①。新时代，在青年人才治理工作中要积极发展创新文化，进一步激发青年科研人员创新创造潜能，为青年人才成长创造更好的环境。

第五节　人才吸引聚集案例

青年人才发展治理中的人才吸引是青年人才发展治理的必要内容。青年人才是青年人才发展治理的基石。托马斯·弗里德曼（Thomas L. Friedman）认为目前是知识经济带来的互联网和人才的全球化时代，人才成为这个时代的第一驱动力，以国家政策和高科技企业为实施载体的全世界范围的人才争夺战正如火如荼地进行着。青年人才无疑是整个社会中最有朝气、最富活力、最具创造性的一支力量。如何吸引人才，西方一些发达资本主义国家以及日本、韩国等国家在政策和方式上虽大同小异，但各有特点。

各国普遍高度重视人才作用，在引进高端人才方面，充分利用其经济、环境、待遇等方面的优势，使得全球的许多英才不断地涌入。青年人才吸引治理主要指各国针对国内及海外人才采取的一系列人才吸引策略的发展与实践。面对着人工智能时代的来临、经济全球化趋势的不断深化，这些国家构建了吸引多数人才精英眼球的政策资金体系，通过职业移民、签发居留许可、提供优厚的待遇和学术交流、科技合作等方式引进国外人才，还利用猎头公司、跨国公司直接招聘、引进人才。② 例如，美国通过出台《美国的科技竞争力法案》、改革高端人才移民政策、完善高端人才科研成果转化机制等手段，吸纳全球高科技人才，成为世

---

① 习近平：《在中国科学院第十七次院士大会、中国工程院第十二次院士大会上的讲话》，《人民日报》2014 年 6 月 10 日第 2 版。

② Lijiguang, “Research on Mechanism of Introducing High-level Talents in Science and Technology”, *Applied Computing, Computer Science, and Computer Engineering* (ACC 2011 V2), 2011, pp. 140 – 145.

界第一大人才移民国；欧盟成员国 2009 年开始实施“蓝卡”计划与美国的“绿卡”形成竞争，从而填补专业人才不足；日本、俄罗斯等国家，也通过完善高端人才的引进机制、配套政策等，引进所需人才。[①]此外，世界发达国家还通过设立各类奖学金、发放留学签证、放宽招生条件、简化入学手续等，大力吸引外国优秀学生作为本国建设发展的后备人才力量。

第一，构建全面的人才引进策略。一流科技创新人才的引进是各国人才争夺的大头。美国是其中非常具有代表性的国家，它有很大一部分诺贝尔科学奖获得者是外籍科学家，这得益于国家的人才引进政策。美国的《移民法》为优质人才的引进提供了坚实的法律基础，放宽了许多对外籍人员的限制和约束条件，使得国家更具有开放性和包容性，众多在本国不能得到资金和设备支持的科技人才流入美国。吸引来的科技人才成为美国科技实力的重要组成部分，这么多高素质、高水平的科学家汇聚到美国，不仅他们的研究得到了支持，美国的科技水平也得到了质的提升，为其能成为诺贝尔科学奖获奖数排名靠前的国家提供了更大的助力。美国国家科学基金会曾有统计显示，25% 的外国留学生在学成后留下来在美国定居，进入美国国家人才库。此外，美国科学院院士中外来人才占 22%；美国获诺贝尔科学奖者有 35% 在外国出生。[②] 国家的人才引进政策是重要的方式之一，科研所的魅力也吸引了众多科技人才的聚集。德国的马克斯·普朗克科学促进学会（Max-Planck-Gesellschaft zur Förderung der Wissenschaften e. V，MPG）自 1911 年成立至现在，其中的科学家获得 35 项诺贝尔科学奖奖项，是世界上最重要的科研院所之一。研究所致力于发掘和引进全世界最优质的科技创新人才，到目前为止有近 34% 的研究所所长是来自其他国家[③]，科学是无国界的，一流科技创新人才的吸引是汇聚科创力量、促进科学发展的重要途径之一。

---

① 宋敏：《创新型政府：中美创新政策的比较研究》，《北京工商大学学报》（社会科学版）2021 年第 36 期。

② 毛黎：《美国：成功的人才引进政策》，《国际人才交流》2009 年第 3 期，第 10—11 页。

③ 王金花：《德国高层次科技人才开发政策和措施》，《全球科技经济嘹望》2018 年第 7 期，第 5—10 页。

第二，拓宽吸引人才的空间。人才竞争日趋激烈，从外部来看，各国为争夺人才在移民法上深下功夫。美国作为移民国家，利用其移民政策和在教育、科技等方面的优势，一直在全世界范围吸引网罗人才。面向全球人才敞开移民、留学与就业之门，主动吸收和网罗全球的科学精英人才，不断享受到国际人才流入带来的巨大效益，荟萃了包括出生于本土以及来自其他国家的最为庞大的世界一流科学家群体，成为世界公认的高等教育中心和科技中心。[①] 美国移民主要接纳亲属移民和职业移民两类，而职业移民也就是我们通常所说的技术移民，主要针对各类有经验、有学历、有成果、有特长、有专长的“人才”，不论年龄、国籍、信仰均可优先移民。研制原子弹的主要领导者恩里科·费米、美国“导弹之父”冯·布劳恩、“氢弹之父”爱德华·特勒、“计算机之父”冯·诺依曼等均是移民[②]，不计其数。

英国在吸引人才方面与美国有所不同，英国对于人才的渴求是只选名师大师，不挑国籍。为吸引住人才，在人才资助方面，不论本国与外国籍，只要在英国开展科学研究，拥有合法的工作身份，就可以获得项目资助，全面、深度地参与科研。这种开放资助方式成就了英国人才、科技的竞争力，也为我国的人才发展模式提供有益借鉴。英国、印度、新加坡等国家的吸引人才的措施在施行上，虽略有差异，但总的来说，仍围绕各自宽松的科研环境、严谨的学术氛围、优良的创业条件等方面的优势吸引人才及其科技成果，通过高技术移民网罗人才，还通过完善基础教育、职业教育和产学研结合等方式培养专门人才。英国通过加大对高科技、基础科研和高等教育领域有突出贡献的人才的政策倾斜力度，对高技术移民无职业和语言水平要求；印度通过若干限制措施遏制科技人才外流，并投资创建“科学人才库”，专门接纳回印度创业发展的人才；新加坡在国外建立联络处，一边加强海外宣传，一边吸引精英人才到新加坡发展。

---

① Schultz, T. W., “The Value of the Ability to Deal with Disequilibria”, *Journal of Economic Literature*, Vol. 13, 1975.

② 李其荣、倪志荣：《当今世界人才争夺战的最大赢家——美国人才引进战略及对我国的启示》，《人民论坛·学术前沿》2012 年第 8 期。

第三，以多元的留学服务吸引青年人才。美国政府十分重视优秀青年人才的作用，通过人才交流计划、留学生资助政策来招收世界各地优秀的学生，并辅以相关的签证政策来留住最优秀的高科技人才。美国政府在20世纪60年代先后出台了《共同教育和文化交流》及《国际教育法》等，扩大与外国交换留学生计划。美国每年对外国留学生投入多达25亿美元，并设立了国际开发署和富布赖特基金会、福特基金会等多种基金[①]，为发展中国家留学生提供各类奖学金，以吸引优秀的留学生到美国学习。

人才来美国后，为吸引住人才，美国在物质待遇、发展条件、人际环境、行政环境、生活环境等方面做出各项保障。为人才成长提供良好的科研、创业和竞争环境，对科技研究发展的经费大力投入，提供充足科研经费的同时，还提供优良的后勤保障服务，利用竞争模式引导人才流动，造就合理竞争、自由发展的人才使用和培养模式。

日本政府也一直在扩大招收外国留学生规模，出台提高外国留学生留日工作比例的政策。日本政府将外国留学生作为“高级人才后备军”，并且通过提升留学生就业率和为大学提供补助，以促进大学与地方企业和地方政府合作，推动展开能够在商务使用的日语教育和职业教育，为留学生提供实习、就业机会。

从以上案例中可以看出，青年人才的吸引聚集解决了人才多样化来源及人才流动的重要问题。坚持细化的人才引进策略，集成青年人才引进相关措施，拓宽青年人才引进空间，为创新型人才聚集提供良好生态，能够为吸引人才、聚集人才、发挥人才创新作用提供外部支撑。

第一，良好的科研团队是凝聚青年人才的重要因素。马克思曾说，人是社会关系的总和。[②] 人处在社会中免不了需要和外界进行交流沟通以及学习。青年人才需要在团队中获得成长。有资料显示，19世纪的德国，凭借良好的科研氛围吸引了大批的顶尖学者。这些学者普遍集中在研究型大学中开展科研活动，且大部分由知名导师教授。团队之中，导

① 国务院发展研究中心：《面向未来的创新型人才发展：制度与政策》，北京中国发展出版社2018年版，第139—143页。

② 《马克思恩格斯选集》第1卷，人民出版社2012年版，第139页。

师与青年人才相互合作学习，相互配合进行前沿科学研究。由于紧密的师承关系，青年人才在接收导师学术知识与研究经验的同时，也可以获得导师共享的科研领域内的社会资源，为他们不断地获奖奠定了坚实的科学基础与社会基础。这种关系既强调了学术知识的代际传承，也注重品德修养的衣钵相传，可以有效避免青年人才在科研活动中走弯路。用人单位要在吸引青年人才上下功夫，鼓励和支持青年人才参与战略前沿领域研究，着力培养一批青年科技创新领军人才。①

第二，一流人才是助力青年人才发展的关键要素。发达国家主要通过建立技术移民法律制度体系引进需要的人才。大部分发达国家都对外国人才进行详细、科学的分类，并建立量化评估体系。通过对人才的科学分类和有效评估，便于对不同人员资格的审查和管理，确保国家只引进需要的人才。同时通过对不同类别人员实行不同的审批标准，为国家调控人力资源的引进结构，吸引高水平人才提供了有力的手段。建立系统性的引进人才政策制度，将引进人才工作作为常态化工作。根据国家发展需要引进全球高端人才和紧缺型人才。可借鉴国外经验，研究出台相关法律，在法律规定的基础上制定技术移民相关宏观调控、筛选评估、权益保障等政策体系。

第三，留学生是创新型青年人才队伍的重要补充。留学归国人才对我国创新事业的发展发挥了重要作用。发达国家把扩大招收科学与工程领域的留学生，并吸引其完成学业后为本国做贡献的方式作为引进人才的重要渠道。发达国家和地区采取的多种引才战略中，吸引并留住海外留学生起到极为关键的作用，海外留学生还可以作为储备人才。我国应重视海外留学生作用，将其作为人才储备，并积极完善相关政策。随着我国的经济实力日益提升，国际交流日益密切，来我国留学的外国学生也日益增多，应该制定灵活的留学生优惠政策。例如为优秀留学生提供丰厚的奖学金或助学金，放宽外国留学生在华的工作限制，建立学生签证转换工作签证制度，允许优秀的留学生毕业后直接在华工作，并提供

① 中共中央国务院：《中长期青年发展规划（2016—2025 年）》，《人民日报》2017 年 4 月 14 日第 1 版。

奖励制度，为在华永久居留的留学生提供健全的社会保障，给予同等公民待遇，吸引和留住国外优秀留学生。

在美国、日本、英国、德国、澳大利亚等发达国家，创新型青年人才被视为繁荣的知识经济下的社会第一生产力。纵观国外的人才制度、政策、环境体系，不乏优秀经验做法。各国对青年人才创新精神的培养环境以及政策支持等有所不同。国外在以创新能力为导向的青年人才培养发展中形成共同经验，体现在：重视青年人才创新发展的环境、激励青年人才进行科技创新、注重青年人才创新培养的政府主导作用以及积极提升吸引创新型青年人才的地位和力度等。

国内外针对以创新能力为导向的青年人才发展治理所实践的方式方法，为当下和未来创新型青年人才发展治理提供思路与参考借鉴，是宝贵的经验财富。在总结国内外的经验与教训之上，结合我国国情和各自实际，以全球视野洞察、反观创新型青年人才发展治理情况，做到融会贯通、扬长避短、为我所用。“坚持用习近平新时代中国特色社会主义思想教育人，用党的理想信念凝聚人，用社会主义核心价值观培育人，用中华民族伟大复兴历史使命激励人，培养造就大批堪当时代重任的接班人”①，“让人才事业兴旺起来”。走出一条有中国特色的创新型青年人才发展培养之路，培养和造就高素质专业化、肯干事能担当、思维活跃有热情的创新型青年人才，为实现两个“一百年”战略目标、实现中华民族伟大复兴中国梦而努力奋斗、贡献力量。

---

① 习近平：《中共中央关于党的百年奋斗重大成就和历史经验的决议》，《人民日报》2021年11月17日第1版。

第五章

以创新能力为导向的青年人才发展的影响因素

以创新能力为导向的青年人才发展治理既受到外部经济、政策、文化等宏观背景的作用，也离不开人才治理具体部门等用人主体的开发与保障、激励与培养的影响，还受到个体的生物、成长、交往环境等因素的作用。从宏观、中观、微观层面分析以创新能力为导向的青年人才发展治理的影响因素，特别是从青年人才发展生态、发展需要、发展空间等方面进行分析，可以更好地发现青年人才发展治理相关要素之间的关系，为得出相应的治理路径提供理论和实践支撑。

第一节　宏观生态与创新型青年人才发展

全面深化改革的总目标是完善和发展中国特色社会主义制度，推进国家治理体系和治理能力现代化。[①] 广义上的国家治理是指对国家一切事务的治理，同时涵盖了纵向、横向、时间、空间四个维度，等同于治国理政。纵向上涵盖从中央到地方、基层组织、个体层面的治理；横向上涵盖经济、政治、社会文化等领域的治理；空间上涉及全国各地不同地区、不同省市县的协调与管理；时间上涉及对当下的治理和对未来的规划。[②] 国家治理在人才培养过程中扮演着推动者和执行者角色，从宏

---

① 中共中央文献研究室：《习近平关于全面深化改革的论述摘编》，中央文献出版社 2014 年版，第 23 页。

② 郁建兴：《辨析国家治理、地方治理、基层治理与社会治理》，《光明日报》2019 年 8 月 30 日第 1 版。

观着手，从国家横向的经济、政策、文化等因素出发是探讨影响创新型青年人才发展因素的必经之路。

一　经济环境

“走自主创新之路，促综合国力提升”，创新能力是国家综合国力至关重要的指标之一，是提高综合国力的关键支撑。但辩证来看，一国的经济繁荣度是该国创新能力发展的基础条件，一定程度上决定整个国家整体创新能力发展的起点及成效。

资金是创新发展中最活跃、最积极的要素之一，是驱动创新的“催化剂”，创新型青年人才发展需要的薪酬、工作环境、工作资料等都需要资金作为支撑。2021 年“全球创新指数（Global Innovation Index，GII）报告”对各个经济体的经济发展水平和创新水平的相关性进行了研究，发现经济体的创新水平与其经济发展水平呈显著正相关：经济越发达，创新水平越高。GII（2021）显示，经济最为发达的北美和欧洲在创新方面继续遥遥领先于其他地区；经济表现上最具活力的东南亚、东亚和大洋洲紧随其后；接着是北非、西亚、拉丁美洲、中亚、南亚以及撒哈拉以南的非洲；在其他经济水平更为落后的地区，其创新能力远远落后于经济水平高的地区，难以望其项背。如图 1，在 2021 年 GII 排行榜中，中国是唯一一个上榜前 30 名的中等收入体，其余 29 个席位都由高收入体占据。

更发达的经济发展水平往往意味着更多的教育、薪资、器材的支出，有能力吸引更多的人才投入本国的创新行业，给创新型青年人才提供更好的发展机会。2021 年 9 月中国国家统计局、科学技术部、财政部发布的《2020 年全国科技经费投入统计公报》显示，2020 年全国共投入研究与开发（Research and Development，R&D）经费 24393.1 亿元，与国内生产总值之比为 2.40%，中国 2020 年 R&D 经费这一项就与当年世界国内生产总值（GDP）排行榜上第 30 位左右的国家的国内生产总值相近，大经济体在 R&D 经费上的投入是小经济体倾尽全力才能与之匹敌的。而数据显示，往往经济水平越高的国家越能够拿出更大比重的 R&D 经费，2017 年 R&D 经费占 GDP 比最高的是北美和西欧，紧随其后的是

Global Innovation Index 2021 rankings

GII rank	Economy	Score	Income group rank	Region rank
1	Switzerland	65.5	1	1
2	Sweden	63.1	2	2
3	United States of America	61.3	3	1
4	United Kingdom	59.8	4	3
5	Republic of Korea	59.3	5	1
6	Netherlands	58.6	6	4
7	Finland	58.4	7	5
8	Singapore	57.8	8	2
9	Denmark	57.3	9	6
10	Germany	57.3	10	7
11	France	55.0	11	8
12	China	54.8	1	3
13	Japan	54.5	12	4
14	Hong Kong, China	53.7	13	5
15	Israel	53.4	14	1
16	Canada	53.1	15	2
17	Iceland	51.8	16	9
18	Austria	50.9	17	10
19	Ireland	50.7	18	11
20	Norway	50.4	19	12
21	Estonia	49.9	20	13
22	Belgium	49.2	21	14
23	Luxembourg	49.0	22	15
24	Czech Republic	49.0	23	16
25	Australia	48.3	24	6
26	New Zealand	47.5	25	7
27	Malta	47.1	26	17
28	Cyprus	46.7	27	2
29	Italy	45.7	28	18
30	Spain	45.4	29	19

图5—1　2021年全球创新指数排行榜（前30位）①

东亚、东欧、拉丁美洲，R&D投资占比最低的是中亚，仅占GDP的0.2%。②

大经济体有更雄厚的资金基础，更完备的基础设施，有余力分配更多资金在创新投入上，给创新型青年人才提供更完备的保障和成长机会；

---

① WIPO（2021），*Global Innovation Index 2021：Tracking Innovation through the COVID－19 Crisis*，Geneva：World Intellectual Property Organization 14th Edition，September 20，2021.

② The UNESCO Institute for Statistics（UIS），*Global Investments in R&D（2020）*，The UNESCO Institute for Statistics Fact Sheet No. 59，June 29，2020.

小经济体很难跨越这个发展鸿沟给创新型青年人才提供同样的发展环境与机遇。中国作为世界第二大经济体，在创新投入方面有着得天独厚的优势，虽与世界头号强国存在差距，但有能力为创新型青年人才发展提供较为充裕的经济条件，给创新型青年人才更合理的报酬、更舒适的工作环境、更完备的工作资料等基础资源，从而对他们产生正向积极的影响，使他们更能全身心地投入创新活动中。

二 政策环境

作为国家治理的一部分，以创新能力为导向推动青年人才发展治理，其核心目标是支撑国家治理体系与治理能力现代化，最终目标是激发人才创新活力，推动社会发展进步。人才管理体制机制作为创新生态的制度基础，不断探索科学有效的人才制度，进而形成更适应中国的更加成熟、更加完善的人才制度体系，这是推进人才治理体系和治理能力现代化的必要之举。

在创新支持政策对人才发展的影响中，最具典型性的当属以色列。以色列的人口、土地、水、矿产和能源等资源十分匮乏，建国时的自然条件和国际环境极端恶劣，却能在建国四十年后步入世界发达国家之列，成为世界农业、工业、科技、军事强国，除开德国二战赔款以及欧美政经圈出于与犹太种族之间的关系所给予的外援外，以色列国家内部的创新意识以及相对应的创新政策是以色列迅速崛起的最重要的密码，以中央直接管辖的开放包容的创新机制、创新政策，发挥政府、企业、高校“三螺旋”机制的力量迅速培养出了一大批创新人才，撬动了整个国家创新能力、综合国力的迅速腾飞。①

相较于以色列，中国国土范围大、人口多，自然和社会环境复杂，这样的条件虽然能激发创新精神、发展创新产业，但又给创新人才治理带来了更多的挑战。中共中央印发的《关于深化人才发展体制机制改革的意见》中提出，要“构建科学规范、开放包容、运行高效的人才发展

---

① 潘光、汪舒明：《以色列：一个国家的创新成功之路》，上海交通大学电子音像出版社有限公司2018年版，第57页。

治理体系，形成具有国际竞争力的人才制度优势”，以政策驱动人才治理现代化，推动人才发展。

2010 年中共中央、国务院印发《国家中长期人才发展规划纲要(2010—2020 年)》，提出了十点针对人才发展的重要政策，其中有三点是特别针对创新型青年人才的利好政策。其一，实施产学研合作培养创新人才政策。产学研合作一方面打通人才由学校到就业的渠道，从而给创新产业提供源源不断的人才；另一方面可以引入社会资金流到科研事业中，从而给创新人才发展提供资金支持。其二，实施有利于科技人员潜心研究和创新政策。有利于科技人员潜心研究和创新的政策为保障创新型青年人才的合法利益、保障其生存发展的合理需要提供了基本的政策支持。其三，实施知识产权保护政策。实施知识产权保护政策是保护创新型人才探索贡献创新创造利益、保护人才的创新创造热情的重要举措。

2016 年中共中央、国务院印发《国家创新驱动发展战略纲要》，提出了建设高水平人才队伍，筑牢创新根基的几点策略：首先，要加快建设科技创新领军人才和高技能人才队伍，围绕重要学科领域和创新方向造就一批世界水平的科学家、科技领军人才、工程师和高水平创新团队，着力培养一线创新人才和青年科技人才，开辟特殊支持渠道支持青年人才，支持高校、科研院所、企业面向全球招聘人才。其次，要优化人才成长环境，实施更加积极的创新创业人才激励和吸引政策，推行科技成果处置收益和股权期权激励制度，让各类主体、不同岗位的创新人才都能在科技成果产业化过程中得到合理回报。另外，推动教育创新，改革人才培养模式，将价值引领与专业教育相统一，把科学精神、创新思维、创造能力和社会责任感的培养贯穿教育全过程。

完备的政策环境可以为创新型青年人才发展保驾护航，激发人才发展活力。首先，创新型青年人才培养与就业政策打通人才培养路径，优化人才培养环境，引领更多的青年人才流入创新产业中；其次，基本保障政策解决创新型青年人才创新工作之外的后顾之忧，使其潜心科研，专注于创新研究；再次，创新人才成果保护政策保障创新人才的基本权利与合理回报，使创新型青年人才能够更稳定积极地在创新产业中发光发热；最后，创新激励政策激发创新型青年人才创新创造的积极性，使其以更为积极进取的精神面貌从事研究工作。经过多年对创新型人才发展体制机制的改革，正如我国已经探索形成了人才行业治理、人才政策引导等方面的人才治理经验和模式，而如果更好地运用这些模式，创造新模式，进而在全国范围内构建一套运行高效的人才发展治理体系，来优化青年发展生态、拓展青年发展空间、解决青年发展需要是当下及未来所要思考、探索的问题。

人才政策是职业生态的重要组成部分，也是作用于青年人才创新培养的重要支撑。为更好地了解青年人才在创新能力导向方面的政策影响，本书对主要从事科研创新工作的研究生和专业技术人才进行了随机抽样调查。其中对研究生发放问卷 100 份，对科研专业技术人员发放问卷 300 份，共计回收有效研究生问卷 63 份，有效科研专业技术人员 282 份，样本总体具有代表性（下同）。

通过问卷调查发现，各类青年人才支持政策对于其创新能力培养均具有重要影响。通过邀请被调查者对不同政策对青年人才创新能力影响进行评价，答案分别设置为“不重要、不太重要、一般、比较重要、非常重要”，分别依次赋值为 1—5 分（下同）。在总分为 5 的基础上，均值为 3. 93—4. 17 的范围。调查样本中，高端人才培育平台、青年科技创新项目资助、青年人才开发专项投入、青年人才扶持计划的重要性均值依次为 4. 17、4. 16、4. 13、4. 13，认为高端人才培育平台对青年人才创新能力培养影响较强和非常强的分别占比 48. 41% 和 36. 23%，认为青年科技创新项目资助对青年人才创新能力培养影响较强和非常强的分别占比 46. 96% 和 36. 52%，认为青年人才开发专项投入对青年人才创新能力培养影响较强和非常强的分别占比 48. 41% 和 34. 20%，认为青年人才扶持计划对青年人才创新能力培养影响较强和非常强的分别占比 46. 67% 和 35. 36%。此外，青年科技骨干培养计划、青年人才引进绿色通道、青年科技奖励、创新创业培训及比赛等政策对于青年人才创新能力培养同样影响程度较高。详见下表 5 - 1。这说明针对青年人才的政策，特别是创新型的专门支持政策，对于青年人才创新能力培养具有重要作用。

表 5—1　　人才政策因素对创新能力培养的影响　　（%，N=345）

变量	不重要	不太重要	一般	比较重要	非常重要	均值（标准差）
青年人才开发专项投入	1.74	0.58	15.07	48.41	34.20	4.13（0.81）
青年人才引进绿色通道	1.74	0.87	16.52	46.38	34.49	4.11（0.83）
青年人才扶持计划	1.74	0.87	15.36	46.67	35.36	4.13（0.83）
高端人才培育平台	1.74	0.29	13.33	48.41	36.23	4.17（0.80）
青年科技创新项目资助	1.45	0.87	14.20	46.96	36.52	4.16（0.80）
揭榜挂帅制度	2.03	2.03	22.61	43.48	29.86	3.97（0.89）
创新创业培训及比赛	1.74	4.35	21.45	44.35	28.12	3.93（0.91）
青年科技奖励	1.16	1.74	17.10	46.96	33.04	4.09（0.82）
设立国际奖项	2.03	1.45	22.61	47.25	26.67	3.95（0.86）
创新团队计划	1.74	1.74	15.65	53.62	27.25	4.03（0.81）
青年科技骨干培养计划	1.45	1.74	12.46	56.52	27.83	4.08（0.77）
青年科技骨干留学专项	1.45	1.16	18.26	52.17	26.96	4.02（0.79）
博士后创新实践基地	1.74	2.61	22.61	44.93	28.12	3.95（0.88）

三　文化环境

创新是一个国家、一个民族发展的重要力量，是推动人类社会进步的重要力量。《周易》中说："穷则变，变则通，通则久，是以自天佑之，吉无不利。"中华文明历来注重自强不息，革故鼎新。

中国人的创新精神突出体现在悠久灿烂的中华文明之中。在 5000 多年的历史长河中，中国人民从思想到器物、从制度到文化、从艺术到科技、创造出了辉煌灿烂的文化。在思想上，先后产生了老子、孔子、庄子、孟子、墨子、孙子、韩非子等思想巨匠，他们的思想深刻塑造了中华民族的现实世界和精神世界。在科学技术上，发明了造纸术、火药、印刷术、指南针等深刻影响人类文明进程的伟大科技成果，在天文、数学、医学、农学等多个领域创造了累累硕果，使我国长期居于世界强国之列。在文学艺术上，创作了诗经、楚辞、汉赋、唐诗、宋词、元曲、明清小说等伟大文艺作品，书写了《格萨尔王传》《玛纳斯》《江格尔》等震撼人心的伟大史诗。在设计建筑上，建设了万里长城、都江堰、大运河、故宫、布达拉宫等气势恢宏的伟大工程。悠久灿烂的中华文明培育了共同的价值理想和情感精神，是凝聚中华民族的精神纽带。创新精神流淌在中华民族的血液中，凭着伟大的创造精神，中华民族开拓创新，曾引领世界发展几千年，走在人类文明发展的前列。①

创新精神是中华民族最鲜明的禀赋。从“日新之谓盛德”到“创新是一个民族进步的灵魂”，伟大的创造精神立新义、开新篇、闯新路，让一个5000多年的文明古国始终生生不息、生机勃勃。② 创新精神是创新的驱动力，它深植于青年人才骨血中，是相当一部分青年人才对创新产业饱含热情的精神引领。据2020年DT财经和智联招聘联合发布的一项《2020年轻人理想工作报告》显示，在3773位被调查的“80后”中，抛开现实因素只谈理想，科研工作是最受年轻人欢迎的理想工作第四名。调查表明，成就感是最能由内而外激发年轻人工作热情的因素，科研工作带来的创造性的喜悦为很多青年人所青睐。③

但是，在上述调查中，只有20%左右的青年能够从事自己的理想行业④，大部分年轻人都出于现实考量，选择了更高收入、更高社会地位的工作，这里就要谈到一些会阻碍创新型青年人才发展的社会文化。其一是“金钱至上”思想。从劳动价值论的观点出发，私人劳动必须转化为社会劳动才能实现其价值，但私人劳动只有经过商品交换才能间接实现这个转化，因此商品交换有其产生的必然性。⑤ 而当货币产生后，商品交换由货币交换所取代，拜金主义就成为不可避免的社会现象⑥，商品交换越发达，社会上的拜金主义风气越严重。就国内环境而言，城市化的进程使得土地经济价值迅速抬升，随之而来的是住房等基本生活保障成本迅速攀升，人均收入与生活成本不匹配，这也使得相当一部分人需要一定的时间来维持生计、满足基本的物质需求，这种高物质生活成

---

① 陈坚、李东方、刘志新、李葳、李晓倩：《弘扬四个伟大精神实现民族伟大复兴中国人民的伟大创造精神》，《共产党员》2018年第23期。

② 辛鸣：《中国人民是具有伟大创造精神的人民》，《求是》2018年第9期。

③ DT财经、智联招聘：《2020年轻人理想工作报告》2020年11月。

④ DT财经、智联招聘：《2020年轻人理想工作报告》2020年11月。

⑤ 李松龄、罗进华：《论使用价值的实现》，《经济问题》2001年第10期。

⑥ 李金蓉：《消费主义与资本主义文明》，《当代思潮》2003年第1期。

本的社会特质进一步推动了拜金主义、功利主义的盛行。[①] 在经济日益繁荣、全球交往日益加深的今天，各种错综复杂的利益纠纷更加尖锐、西方敌对势力宣扬的各种不良思潮也此起彼伏，拜金主义、“一切向钱看”的思想日趋内化，在国人社会心理中愈演愈烈。在“金钱至上”思想的驱动下，收入是很多人择业的重要甚至首要要求，很多人不愿意从事相对贫困但“功在当代、利在千秋”的工作，这就造成了国家投入大量金钱培养的有用人才大量流入高个人收益而低社会价值的产业。而创新产业具有高不确定性和收益滞后性，这也使得虽有相当一部分青年对创新型工作感兴趣，但不得不向现实低头，以高收益作为择业的方向。

除了“金钱至上”外，国内的现代社会心理中还有另一重要组成部分会阻碍创新型青年人才发展，就是“官本位”思想。《商君书·开塞》中写道：“上世亲亲而爱私，中世上贤而说仁，下世贵贵而尊官。”商鞅的思想中带有强烈的将官作为“贵”者尊之的态度。战国后秦国一统中原，作为秦国治国思想的核心内容，商鞅的思想自然地成为中国传统主流文化的一分子，对后世产生着不可磨灭的影响；而中国传统文化中的另一滥觞——儒家，其基本倾向之一就是“积极入世”，创始人孔子一生的思想和言行无不体现着入世、用世的特点，对于儒家来说，读书做官，积极入仕，是他们的天职与本分，“不仕无义”。因此，等级森严、官贵民贱、上尊下卑的“官本位”思想在古代中国生根发芽，有着悠久的历史传承，从“刑不上大夫，礼不下庶人”“只许州官放火，不许百姓点灯”等语句中即可窥得一斑。官本位文化自战国起就初现端倪、流传至今，而“官”与“学”的关系自隋朝起就紧密相连。隋朝隋炀帝以“科举制”代替“九品中正制”作为选拔官员的途径，将考试成绩作为入仕为官的标准，科举从开创至清光绪三十一年（1905）举行最后一科进士考试为止[②]，前后经历一千二百余年，“学而优则仕”的观念是最广大民众祖辈传下来的社会共识。

现代以来，很多传统的儒学观念都逐渐被淡化，但“官本位”的思

① 关成尧、白相东、袁四化、张艳、刘晓燕：《我国科技创新人才缺乏的症结探析》，《武汉理工大学学报》（社会科学版）2016 年第 1 期。

② 金铮：《科举制度与中国文化》，上海人民出版社 1990 年版，第 239 页。

想遇到了时代的机遇反而焕发出了新的生机。在国家建设过程中，政府逐步主导经济活动，“官”不仅仅代表政治上的权力与地位，开始更紧密地与经济利益挂钩，尊官文化获得了新的内涵，在新时代中获得了适应力。做官意味着权力、地位、金钱，更多的资源、更好的机会、更大的利益、更光明的前途。而这一沿袭了两千余年的封建思想根深蒂固地植在了中国人的心里，渗透在中国社会的层层面面，是中国人社会心理的重要组成部分。而在这种思想下，年轻人更愿意求官，毕业生“考公”大军年年扩大，科研努力转行政，与此相对的是更少的人愿意枯坐在实验室与冰冷的实验器材为伴。

因此，在现阶段的创新型青年人才发展治理中要回归和弘扬中国人民的伟大创造精神，坚持正确的价值导向，引领青年人才将遵循科学伦理道德作为前提、将遵守法律法规作为底线、将推动国家社会发展作为追求，引领青年人才从利私的“金钱至上”和“官本位”中解放出来，使更多的青年人将创新报国作为思想自觉。

从宏观生态来看，国家的经济、政策、文化都是影响创新型青年人才发展的重要因素。一国的经济水平是创新型青年人才发展的基础条件，创新型青年人才发展所需的酬金、生活保障、工作资料等都需要源源不断的资金来支持；国家的创新政策是创新型青年人才发展的基本支撑，创新型青年人才的发展需要完备的创新支持政策环境为其保驾护航，激发其发展活力；一国的文化环境是创新型青年人才发展的精神纽带，开拓创新的文化氛围才能引领更多的青年人向以创新为导向的青年人才发展道路上迈进。

第二节 中观管理与创新型青年人才发展

2021年3月习近平在《求是》杂志上发表文章——《努力成为世界主要科学中心和创新高地》，文章提出了营造良好创新环境的重要命题：“创新之道，唯在得人。得人之要，必广其途以储之。要营造良好创新环境，加快形成有利于人才成长的培养机制、有利于人尽其才的使用机制、有利于竞相成长各展其能的激励机制、有利于各类人才脱颖而出的竞争机制，培植好人才成长的沃土，让人才根系更加发达，一茬接一茬茁壮成长。"[①] 人才是创新发展的关键，对创新人才资源的管理，是影响创新人才发展的重要因素。

管理大师彼得·德鲁克于1954年在《管理实践》中提出了人力资源的概念并加以明确界定。他认为人力资源拥有"协调能力、融合能力、判断力和想象力"这些其他资源所没有的素质，必须通过有效的机制才能发展利用，从而给企业和社会带来可见的经济价值。人力资源管理的功能主要体现在开发保障、激励培养两个方面：开发与保障是基础，主要是指吸引优秀的人才加入并继续留在该行业，探讨人力的数量问题；激励与培养功能是核心，指让人力掌握能够满足当前及未来工作需要的技能，培养人力能在现有的工作岗位上创造出更好的绩效，探讨人力的质量问题。而人才资源作为优秀的人力资源，是指一个国家或地区的人力资源中具有较多科学知识、较强劳动技能的那部分，创新型青年人才作为在价值创造过程中起关键作用的那部分人力资源，也需要通过开发与保障、激励与培养激发其发展活力。

一　发展需要与开发保障

据《中国科技人才发展报告（2020）》显示，2020年我国研究与开发（R&D）人员已有509.2万人，总量继续位居世界第一。但R&D人员投入强度（万名就业人员中R&D人员全时当量）、R&D人员中的研究人员占比与世界主要国家相比仍有不小差距，仍缺少科研创新人才，尤其是青年创新人才。如何开发、保留更多的青年人才从事创新产业是值得以创新为导向的青年人才发展治理探讨的一个大问题。

首先是创新型青年人才开发方面对创新型青年人才发展的影响。毋庸置疑，一定的知识储备是进行改造世界的实践活动的基础，要想创造出新的东西，就要对该领域已有的知识有着基本的掌握，而教育正是带领青年"站在巨人的肩膀上"的阶梯。随着人类的知识体系不断丰富扩大，要进行创新创造的实践活动所需掌握的知识越来越多，而教育之于

① 习近平：《努力成为世界主要科学中心和创新高地》，《求是》2021年第6期。

创新也越来越重要，“自学成才”的概率越来越小，田中耕一的故事也越来越难出现了。有学者对自1901年首次颁发诺贝尔物理学奖至2009年共186位获奖者的学历进行了统计分析，结果表明绝大多数获奖者都有博士学历并且取得博士学历的院校集中在世界知名大学中。[①] 所受的教育程度与个体的创新能力的强弱有着直接的联系，要想培养出更多的创新人才，就需要有更高水平、更适应创新产业发展的大学教育作为支撑。

教育尤其是大学教育是创新型青年人才开发的基础。大学与社会本质上就是一个人才的“供”与“求”的关系。在供给侧结构性改革的大背景下，为适应人才市场需求，我国的大学教育越来越注重学生的实践能力和创新能力培养。自2019年4月启动“六卓越一拔尖”计划2.0，全面推进“四新”（新工科、新医科、新农科、新文科）建设以来，我国大学的专业教育进一步地向更加面向市场，面向国家整体的创新人才培养战略的方向靠拢。其中，新工科建设要求大学教育要应对第四次工业革命的需要，加强战略急需人才培养，重点培养有研发能力的创新人才；新医科建设要求大学教育要适应新一轮科技革命和产业变革的要求，实现医科教育从治疗为主到生命全周期、健康全过程的全覆盖，为构建健康中国打好基础；新农科建设要求大学教育要用现代科学技术改造升级涉农专业，助力打造天蓝水净、食品安全、生活恬静的美丽中国；新文科建设则要求大学教育要基于现有传统文科的基础进行学科中各专业课程重组，要推动哲学社会科学与新科技革命交叉融合，把现代信息技术融入哲学、文学、语言等课程中，进行综合性的跨学科学习，扩展学生知识范围，培养创新思维，培养新时代的哲学社会科学家。不难看出，培养创新能力是现阶段大学教育培养人才的重要导向。

其次是创新型人才保障方面的影响。在大学教育阶段培养出足够的创新型青年人才后，下一步就要考虑如何将这些人才长久地保留在创新产业中，防止人才外流。美国心理学家赫茨伯格于1959年提出了双因素

① 黄承烈、周文娟：《诺贝尔物理学奖得主博士学历统计分析》，《大江周刊（论坛）》2010年第7期。

理论，亦称“激励—保健理论”。他把企业各项影响因素分为激励因素和保健因素两种，认为这两种因素是影响员工绩效的主要因素。其中，保健因素是指容易产生意见，得不到满足会导致消极行为的因素，大多与工作环境和工作条件相关，包括公司的政策与管理、监督、工资、同事关系和工作条件等，如果得到满足就能消除不满情绪、维持原有的工作效率、保留员工，是人力资源管理中必须保障的因素。[①]

据赛迪顾问公司的一项数据调查显示，我国 IT 行业每年人才流失比重为 25.4%，规模不大、吸引力不足的中小型企业的人才流失率更是高达 40%，远远超过国内行业离职率 15.8% 的平均水平。[②] 一项基于深圳市南山区科技创业服务中心相关研究人员问卷调查中显示，住房条件、生活成本、工资待遇、子女入学、社会保障属于创新人才考虑离职的前五点因素，如果得不到满足，就容易导致人才外流。[③] 因此，薪资、住房、子女教育这些基本的保健因素的保障到位，是使得创新型青年人才愿意继续留在行业中发挥作用的基本要素。

另外，除了住房、子女教育、薪资等传统的保健因素外，与普通员工不同，成长于物质条件较为富足、社会文化更加复杂的环境下的新生代青年有其特殊性，这些青年员工需求层次更高，更加注重自我成长，培训和晋升机会、内部的公平性、企业发展前景、企业文化和价值观是否与个人一致、工作本身的特性等，都在一定程度上影响着科技创新型企业新生代员工的流动，这些传统的激励因素慢慢地被创新型青年人才视为必不可少的保健因素，这也使得要想留住更多的创新型青年人才在行业中发光发热，企业就必须在保障这些新生代青年的基本生存需要的同时，将员工自我成长、职业发展方向也纳入需要提供给这些青年人才的基本保障之中。

青年人才发展需要与青年人才成长紧密相关。通过调查青年人才职业

---

① ［美］弗雷德里克·赫茨伯格、伯纳德·莫斯纳、巴巴拉·斯奈德曼：《赫茨伯格的双因素理论》，张湛译，中国人民大学出版社 2016 年版，第 117 页。

② 张权、林德昌：《“新常态”视角下创新型人才激励机制实证研究——基于深圳创新型人才的调查》，《山东工商学院学报》2016 年第 3 期。

③ 张权、林德昌：《“新常态”视角下创新型人才激励机制实证研究——基于深圳创新型人才的调查》，《山东工商学院学报》2016 年第 3 期。

发展需要对于青年人才创新能力培养的影响发现，实践锻炼、培训进修、工作稳定、个人收入对青年人才创新能力培养影响程度较高，均值依次为4.17、3.97、3.94、3.92，认为以上因素比较重要的占比依次为51.30%、53.33%、46.38%、43.77%，认为非常重要的占比依次为34.20%、24.93%、27.25%、27.25%。除此以外，职称晋升、职务晋升、海外留学等职业发展需要对于青年人才创新能力培养也具有较大影响，见下表5-2。因此，对青年人才创新能力培养，需要关注职业发展相关需要的作用，特别是培训进修、实践锻炼、工作稳定、个人收入等发展性因素的影响。

表5—2 **职业发展需要因素对创新能力培养的影响** （%，N=345）

变量	不重要	不太重要	一般	比较重要	非常重要	均值（标准差）
个人收入	1.16	3.48	24.35	43.77	27.25	3.92（0.87）
工作稳定	1.16	4.06	21.16	46.38	27.25	3.94（0.87）
职务晋升	3.48	6.38	32.46	41.74	15.94	3.60（0.95）
职称晋升	3.19	7.25	29.86	41.45	18.26	3.64（0.97）
职业资格	3.19	8.41	34.20	39.71	14.49	3.54（0.95）
实践锻炼	0.87	0.87	12.75	51.30	34.20	4.17（0.74）
培训进修	2.03	2.32	17.39	53.33	24.93	3.97（0.84）
海外留学	3.19	6.09	29.28	44.93	16.52	3.66（0.93）
海外工作	3.48	6.96	35.65	37.68	16.23	3.56（0.96）

二　发展生态与培养激励

激励就是激发人内在的行为动机并使之朝着既定目标前进的整个过程。激励因素是指可以作为动力，满足后可以使人得到激励的因素，往往与工作本身或工作内容相关，包括成就、赞赏、工作的意义及挑战性、责任感、晋升机会、职业发展等。这些因素如果得到满足，可以使人得到很大的激励，从而提升工作效能。

创新作为一项有很大不确定性的活动，使用一般的基于结果的激励方式会使创新型人才承担过多的风险，不符合最优风险承担原则；但是，创新又是一项专业性很强并且有时依靠灵感的活动，从业人员对自己经常从事的研究领域往往比管理者了解更多、理解更深，其他人不能从行为断定从业人员是否是在工作状态，也不能简单地应用基于行为的激励方式[①]，因此如何使用恰当的方法激发创新型人才发展活力是一个非常值得深究的问题。

美国管理学家维克托·弗洛姆（Victor H. Vroom）认为人总是渴求满足一定的需要并设法达到一定的目标，渴望什么成果就会愿意去采取能得到该成果的行为，并于1964年在《工作与激励》一书中提出了期望理论：当个体的目标尚未实现时表现为一种期望，这时目标反过来对个人的动机又是一种激发的力量，而这个激发力量的大小，取决于目标价值（效价）和期望概率（期望值）的乘积，这就是期望公式。基于期望公式，激发个体动机的最佳条件是：个体相信自己的努力极可能得到很好的成绩，这个成绩极可能取得一定的成果，而这个成果对他有很大的吸引力，这就是期望模式[②]：个人努力→个人成绩（绩效）→组织奖励（报酬）→个人需要。

根据期望公式和期望模式，可以得出在对创新型青年人才进行激励时，要兼顾工作目标的难易程度、绩效与奖励联系、奖励对人才的吸引力、需要的满足与新的行为动力几个方面的关系。首先，在调动创新型青年人才的积极性时，管理者要调研大体情况，制定既符合整体发展要求又不过分困难的目标，如果提出的工作任务太过困难极难攻克，就会打消创新型青年人才工作的积极性，不仅无法达到激励效果，还可能导致其离职甚至退出创新行业；如果目标过于简单，又会使人才难以在工作中获得成就感，丧失对工作的兴趣。其次，管理者要想发挥激励作用就要保证绩效与奖励之间的强联系，确保目标实现后奖励的兑现，如果创新成果产出后没有相应的有效物质和精神奖励来强化，时间一长，创新型青年人才进行研发和创新的积极性就会消失；另外，管理者要保证奖励对创新型青年人才的吸引力。一般来说，以薪酬来激励是最简单的激励方法，但根据马斯洛需求层次理论，人的简单需求得到满足后，需

① 潘颖雯、万迪昉：《研发的不确定性与研发人员激励契约的设计研究》，《科学学与科学技术管理》2007年第8期。

② Victor H., *Work and Motivation*, New York: John Wiley & Sons Inc., 1994, p. 11.

求层次就会上升，这时再去以简单需求作为激励，就很难激发个体的行动动力了。而新生代的创新型青年人才往往是在比较富足的成长环境中长大的，简单的薪酬激励很难调动其攻克难关的积极性，他们的需求相较于传统的激励因素更加复杂，处于更高的需求层次。创新型人才，尤其是青年创新型人才往往想要的激励是个性化、差异化的，并且注重内在动机、精神激励以及长远的职业生涯规划，简单的薪酬激励很容易使其感到疲倦，这时就需要引入马斯洛需求层次理论中的高层次需求，如尊重、自我实现等因素发挥对青年创新人才的激励作用。最后，当一个人的需要得到满足之后，他会产生新的需要和追求新的期望目标。需要得到满足的心理会促使他产生新的行为动力，并对实现新的期望目标产生更高的热情，管理者要抓住这一机制，安排下一轮的激励计划。

激励可以激发人才在工作过程中更好地发挥活力、自我实现，而培养与成长既是激励现代青年创新人才的手段，又是使得人才得以持续发展的重要力量。作为人力资源管理中的一个重要职能，培养与成长可以使员工获得或改进与工作相关的知识、技能、动机、态度和行为，确保组织成员在组织战略需要和工作要求环境下，有机会、有条件进行个人能力提升，转变观念、提升技能，提高组织的近期绩效或长期战略绩效。与对学生的教育不同，职业发展中的在职培训是一种更功利性、有针对性的教育，致力于组织团队整体素质的提高，更强调学员参与及双向沟通，现场学习、模拟练习、心理测试、角色扮演、游戏竞争、小组活动等是在职培训的基本方法。组织可以通过培训来建立和宣扬组织文化，改进员工的思想观念和工作态度。

在信息大爆炸的今天，创新产业要想符合时代发展的要求，把握创新机遇，产业的从业者就更要不断地参与培训、学习丰富自身。根据马斯洛需求层次理论，人类的需求从低到高分为生理、安全、社交、尊重和自我实现五个层次，有效的培训使研发人员更有能力去承担更高难度的工作，满足其自我实现的需要。① 在20世纪末的加拿大，调查发现有

---

① 李卫东、刘洪、陶厚永：《企业研发人员工作激励研究述评》，《外国经济与管理》2008年第11期。

79%的从事创新产业的企业为从业人员提供培训。[1] 2010年，孙锐团队对国内的中国海尔集团、中国海信电器、中兴通讯股份有限公司、华为技术有限公司、中创软件集团、浪潮集团、大唐电信集团、中国重型汽车集团等企业的技术中心、研发中心或技术项目组内从事科技创新工作的企业员工进行了调查研究，得出了广泛的企业培训是组织创新最重要的影响因素的结论。[2] 作为世界创新产业第一梯队的一员、中国“创新工场”的阿里巴巴集团，有专门面向技术专业领域人才成长培养的技术大学，据统计已开发课程400余门，培养内部讲师近800人，参与培训人数50000余人次，见图5—2。

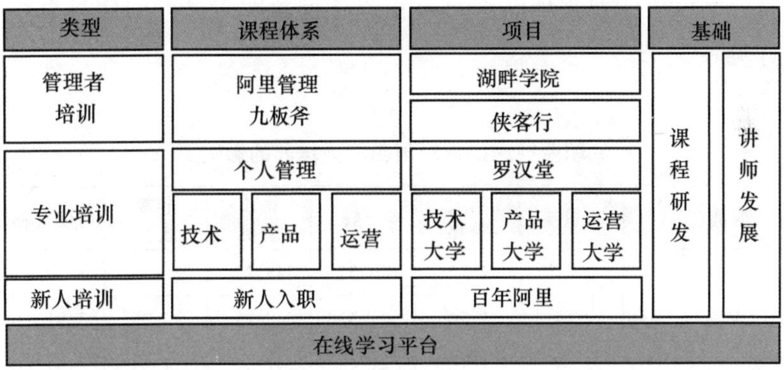

图5—2 阿里巴巴员工学习平台框架[3]

2021年12月，人力资源和社会保障部、教育部、国家发展和改革委员会、财政部联合印发了《“十四五”职业技能培训规划》（以下简称《规划》）。《规划》中提出，到2025年要实现终身职业技能培训制度更加完善，创新型、应用型、技能型人才队伍不断发展壮大的目标，要稳步扩大培训规模，持续提升培训质量，培养更多的人才。这也体现了职业培训对构建新发展格局、推动高质量发展、深化供给侧结构性改革、

① Baldwin R. J. et al.,“Advanced technology use and training in Canadian manufacturing”, *Canadian Business Economics*, Fall 1996.

② 孙锐：《薪酬、授权、培训、职业发展与组织创新关系研究》，《科研管理》2010年第2期。

③ 张晶：《智能时代企业培训转型发展的比较研究与启示》，《石油化工管理干部学院学报》2021年第5期。

配合实施国家重大战略、为全面建设社会主义现代化国家提供有力的人才和技能支撑的重要作用。

培养激励是青年人才发展的重要保障，是拓展人才发展空间的制度支撑。通过调查职业管理中培养激励的相关因素对青年人才创新能力培养的影响发现，青年人才的薪酬激励制度、社会保障制度、奖励表彰制度、绩效考核制度对于青年人才创新能力培养影响较大，均值依次为4.23、4.10、4.08、4.07，认为以上因素比较重要的依次占比为43.77%、44.06%、46.09%、43.19%，非常重要的依次占比为40.58%、34.49%、33.33%、34.49%。此外，职级及岗位晋级制度、职务晋升制度等职业管理因素对青年人才创新能力培养同样具有较大影响。详见表5—3。

表5—3 **职业管理因素对创新能力培养的影响** （%，N=345）

变量	不重要	不太重要	一般	比较重要	非常重要	均值（标准差）
在职培训开发制度	2.32	2.32	29.57	45.22	20.58	3.79（0.87）
职务晋升制度	2.61	1.74	22.32	48.99	24.35	3.91（0.87）
职级及岗位晋级制度	2.32	1.16	21.45	47.54	27.54	3.97（0.86）
高端人才职称评定绿色通道	2.32	1.16	17.68	46.67	32.17	4.05（0.87）
薪酬激励制度	0.87	0.29	14.49	43.77	40.58	4.23（0.77）
绩效考核制度	1.45	2.32	18.55	43.19	34.49	4.07（0.87）
奖励表彰制度	1.74	0.87	17.97	46.09	33.33	4.08（0.84）
惩罚处分制度	4.35	3.48	28.41	42.61	21.16	3.72（0.98）
社会保障制度	1.45	0.58	19.42	44.06	34.49	4.10（0.83）

人才创新能力的培养激励离不开客观工作环境的支撑。通过调查发现，工作支撑因素对于青年人才创新能力培养具有较大影响，均值在3.98—4.20。其中科研自主性、高层次科研平台、科研设备条件、专业学术交流机会对于青年人才创新能力培养具有的影响排名靠前，均值依次为4.20、4.18、4.18、4.10，认为以上因素比较重要的依次占比

46.38%、48.41%、48.41%、51.01%，非常重要的依次占比37.97%、36.81%、36.52%、30.72%。详见表5—4。因此，青年人才创新能力的培养，离不开良好的工作支撑因素的保障。

表5—4 工作支撑因素对创新能力培养的影响 (%，N=345)

变量	不重要	不太重要	一般	比较重要	非常重要	均值（标准差）
承担项目、课题	1.16	1.45	21.74	49.28	26.38	3.98（0.80）
高层次科研平台	1.45	0.87	12.46	48.41	36.81	4.18（0.79）
职业发展空间	1.45	0.87	16.81	49.86	31.01	4.08（0.80）
科研设备条件	1.16	0.87	13.04	48.41	36.52	4.18（0.77）
实验设备共享	1.45	1.45	21.16	48.41	27.54	3.99（0.82）
科技情报服务	1.16	2.03	16.81	49.86	30.14	4.06（0.81）
工作自由度	1.16	1.45	18.84	48.41	30.14	4.05（0.81）
科研自主性	0.87	0.58	14.20	46.38	37.97	4.20（0.76）
知识产权保护	1.16	0.87	20.00	46.96	31.01	4.06（0.80）
科研成果评价	1.74	0.58	17.97	47.54	32.17	4.08（0.82）
科研成果转化	1.74	0.87	16.81	50.14	30.43	4.07（0.81）
专业学术交流机会	0.87	1.16	16.23	51.01	30.72	4.10（0.77）
跨学科学术交流机会	1.16	1.16	17.39	50.43	29.86	4.07（0.79）
国际合作交流渠道	0.87	0.87	20.29	47.83	30.14	4.06（0.78）
国际网络访问支持	0.87	2.61	20.58	47.25	28.70	4.00（0.82）

总之，从中观管理的角度看，从创新型青年人才开发、保障、激励、培养几方面影响着手，培育青年人才职业认同、提升青年人才创新能力，是推进以创新能力为导向的青年人才发展治理工程的应有之义。

第三节 微观个体环境与创新型青年人才发展

“在一切生产工具中，最强大的一种生产力‘是革命阶级本身’。”①

① 《马克思恩格斯选集》第1卷，人民出版社2012年版，第274页。

从微观视角出发将人才作为个体的“人”来分析，是探讨以创新为导向的青年人才发展治理影响因素至关重要的一部分。简单来讲，微观个体的心理活动机制由内而外主要受生理心理、成长环境、职业环境三部分影响，因此从微观个体层面分析影响创新人才发展的影响因素，也应当从这三个角度出发。

一　生理心理

生理和心理是支撑个体行动的基础，是个体顺利完成某种活动所需要的各种能力的起点，是个体学习新知识和解决新问题的基本影响因素。

首先，个体生物因素对智力进而对其创新能力的影响。雷蒙德·卡特尔（Raymond Bernard Cattell）认为，人的智力可以被划分为流体智力和晶体智力两部分。其中流体智力是指一般的学习和行为能力、信息加工和问题解决的能力，如记忆力、思维能力等，主要受生物因素影响，很少受社会文化、专业、个人教育等限制，其作用在于学习新知识和解决新问题。有研究者曾汇集了近 50 年的双胞胎研究结果，通过对将近 14 万对双胞胎的分析发现智商的遗传力大概为 50%，进而得出了一个人有多聪明是有一半由生物因素决定的结论。① 阿姆斯特丹自由大学的神经基因组学和认知功能中心通过对近 27 万人进行全基因组分析，从样本中检测到的超过 900 万个突变中，确定了 DNA 代码中与智力相关的 205 个区域和 1016 个特定基因。② 而基因检测结果也早就被作为参考材料对个人智商和相关的考试能力进行预测，研究结果证明其信效度喜人。欧美一项大型联合研究团队曾分析了 110 万人的基因组数据，发现这些基因组数据得出的结论能很好地推测出个体未来能上大学的概率。③ 而智

① Tinca J. C. Polderman et al. , “Meta-analysis of the heritability of human traits based on fifty years of twin studies”, *Nature Genetics*, DOI: 10. 1038/ng. 3285, May 2015.

② Jeanne E. Savage et al. , “Genome-wide association meta-analysis in 269, 867 individuals identifies new genetic and functional links to intelligence”, *Nature Genetics*, DOI: 10. 1038/s41588 - 018 - 0152 - 6, June 2018.

③ James J. Lee et al. , “Gene discovery and polygenic prediction from a genome-wide association study of educational attainment in 1. 1 million individuals”, *Nature Genetics*, DOI: 10. 1038/s41588 - 018 - 0147 - 3, July 2018.

力作为个人有目的地行动、合理地思考、有效地应对环境的一种综合能力，一定的智力水平是个体从事创新工作的基础。

其次，个体各脑区的发育程度对其创新能力也有重要影响。脑神经科学研究表明，在人的大脑中，额叶主要控制人的语言表达及精神活动；前额叶皮层区通过广泛连接不同的脑区来使我们做出判断和执行的功能；顶叶中有部分与感觉整合相关的区域实际上对智力的形成也有重要作用；海马体的体积与个体的空间记忆与情景记忆能力高度相关①；由神经元的胞体构成的灰质执行大脑的运算功能；由神经轴突构成的白质链接不同灰质区域，传导神经信号。不远的将来，对脑区扫描的神经影像学技术有机会辅助甚至替代传统的智力测验，对各个脑区的发育程度及脑内电流传播路径进行分析，一定程度上可以预测个体的信息处理能力、学习某一领域知识及该领域的创造能力，因材施教，筛选出先天更加擅长进行创新研究的个体，并“量身定做”学习计划。也可以对创新产业从业人员进行针对特定脑区的专门训练以提高其创新思维能力。

另外，大脑的功能网络构造也影响着个体的创新能力。创新作为一种复杂活动，需要多个脑区协作才能完成，人脑中并没有所谓的“创新中枢”直接决定人的创新能力。大脑的各个功能区进行分析、记忆、学习等各项工作，相互交流协作，共同形成脑的功能网络。与创新相关的脑功能网络主要包括执行控制网络、默认网络和凸显网络，其中默认网络负责创新思维的产生，执行控制网络负责创新思维的评估。默认网络和执行控制网络共同协作完成创新活动，凸显网络在这二者之间起双向调节作用。个体的创新能力取决于这些脑功能网络协同工作的能力，全脑网络越优化，连接越广泛，脑的整体工作效率越高效，个体的创新能力就越强，在解决同样的问题时所需要的时间越短、消耗的能量越少。②

与此同时，年龄是人才创新能力培养的重要因素。为明确各个年龄阶段对创新能力培养的影响程度，调查问卷对各个年龄阶段进行了细分，

---

① N Burgess et al.,“The human hippocampus and spatial and episodic memory”, *Neuron*, DOI: 10.1016/s0896-6273 (02) 00830-9, August 2002.

② 杨元魁:《创新能力发展的脑机制及其对 STEM 教育的启示》,《中国科技教育》2019年第1期。

并请被调查者根据对创新能力的影响程度进行评价，答案分别设置为“很弱、较弱、一般、较强、非常强”，分别依次赋值为1—5。调查结果显示，年龄对创新能力的影响是一个由低到高，再到低的过程。在总分为5的基础上，14岁及以下、14—17岁、18—22岁、23—25岁、26—30岁、31—35岁、36—40岁、40岁以上，对创新能力培养的影响的均值分别为3.45、3.53、3.66、3.69、3.59、3.46、3.23、3.02。说明被调查的人才群体认为对创新能力培养影响最大的年龄阶段是23—25岁，均值为3.69，认为该年龄段对创新能力培养较强的占比44.64%，非常强的占比17.97%。这说明了以创新能力为导向的青年人才发展治理，需要根据创新的年龄特征进行有策略的培养，特别是要抓住关键年龄阶段的重要作用。详见表5—5。

表5—5　**年龄阶段对创新能力培养的影响**　（%，N=345）

变量	很弱	较弱	一般	较强	非常强	均值（标准差）
14岁以下	7.54	9.86	29.86	35.36	17.39	3.45（1.12）
14—17岁	4.35	9.86	31.30	37.68	16.81	3.53（1.02）
18—22岁	3.48	5.22	29.28	45.80	16.23	3.66（0.93）
23—25岁	3.77	4.06	29.57	44.64	17.97	3.69（0.94）
26—30岁	3.77	4.64	35.07	41.74	14.78	3.59（0.93）
31—35岁	3.77	6.96	43.19	31.88	14.20	3.46（0.95）
36—40岁	4.64	12.75	46.67	26.38	9.57	3.23（0.95）
40岁以上	8.99	14.78	48.41	20.58	7.25	3.02（1.00）

值得注意的是，这些生物遗传学的研究成果不能以先定论的视角来看待，并不意味着先天条件决定个体的创新能力。肯·理查森（Ken Richardson）在《基因、大脑和人类潜能》一书中使用演化动力学的理论建构了人类智慧的形成过程：个体活动由生物体受到外部刺激开始，生物体内的细胞受到外部刺激转化形成生物化学信号传至内部，从已有的统计模板中寻找合适的应对方案，细胞团队据此方案开始募集转录因子，在募集完成转录因子后，生物体生产出相应蛋白质信号传递给躯体，

从而躯体成功应对相关场景。据此可知生物体是一个自组织的复杂系统，不具备钟控型系统的强确定性，只要节点数目足够多，自组织系统可以无限地演化下去，具备很高的自由度，绝非一个先天的生物条件对应一个先定的行为结果。先天的禀赋是后天成长的土壤，这块土壤的肥沃、广袤程度，一定程度上影响了人后天的发展的方向、高度及通向成功所需付出的努力，但绝非先定了一切，绝非自出生起就将未来的一切都安排好了，青年阶段的个体的生理条件可以通过后天的开发训练得到改变，可以通过后天的影响使青年的生理条件更加适合去从事创新型工作。

创新能力培养除了生理因素的作用以外，也受到心理因素的作用，其中与创新能力紧密相关的主要有人格特质。人格是个体行动的底层逻辑，是个体表现出来的相对稳定的行为、思想及情感模式，是在对人、对事、对己等方面的社会适应中的行为上的内部倾向性和心理特征，具有整体性、稳定性、独特性和社会性的特征。简单来讲，如果将人比作一个“程序”，那么人格就是这个程序最核心的“源代码”。美国著名心理学家麦克利兰德于 1973 年提出了著名的素质冰山模型，模型指出人格特征为个体的思维方式、学习能力、社会交往能力等的发展提供动力和调节效能，个体创造力和创新能力与人格密切相关。①

作为一个十分复杂的心理现象，人格是一个多维结构，可以根据主要的组成成分被分为人格的理智特征、人格的情绪特征、人格的意志特征及对现实态度的人格特征四个部分。其中，人格的理智特征是指人们在感知、记忆、想象和思维的认识过程中表现出来的个别差异，创新能力强的人往往具有好奇心强、有毅力、有激情、精力集中、喜欢挑战、积极性高的理智特质：理智特征可以从感知方面将个体分为主动观察型和被动观察型，主动观察型的人就更易胜任创新型的工作；在思维方面将个体分为独立思考型和搬用现存答案型，思考型人格是创新型人格的核心特质；在想象方面将个体分为主动想象型和被动想象型等，主动想象的能力是创新能力的重要保障。人格的情绪特征是指人们在情绪的强

① 周传运、王秀芳主编：《IT 企业文化与职业素养》，北京理工大学出版社 2018 年版，第 147—148 页。

度、稳定性、持续性，以及稳定心境等方面所表现出来的个别差异：如有的人经常处于情绪饱满、欢乐愉快之中，有的却经常处于抑郁低沉之中，创新型人格往往要具备更加稳定、持续的情绪特质，才能克服情绪障碍，战胜研究中遇到的困难与挫折。人格的意志特征是指人们为了达到既定目标，克服前进道路上的困难时所表现出的意志差异：如有的人的行为具有明确的目的性，主动性、自制力强，在紧急或困难的条件下沉着镇定、勇敢果断、有恒心，这样的人格特质更合适从事创新型工作；有人的行为则是盲目自大，行动不定，在紧急或困难条件下张皇失措、胆小怯懦，缺乏恒心。对现实态度的人格特征是指人在与社会接触、处理各种社会关系方面所表现出来的人格特质，对社会、集体、他人、学习、工作、劳动的态度：有的人与人为善、正直刚毅、真诚诚信、富有同情心和社会责任感、自信大方、勤奋努力、吃苦耐劳、勤俭节约；有的人则愤世嫉俗、虚伪冷漠、见利忘义、贪生怕死、任性妄为、荒淫无度、好逸恶劳等。对现实有着积极健康的态度，是创新型青年人才发展的前提条件。总之，就创新型人才来讲，具有主动感知、思维独立、主动想象的理智特征，情绪饱满愉快的情绪特征，坚韧不拔的意志特征，积极向上的现实态度的个体更具创新人格特质。

基于人格与创新能力的密切相关性，为培养更多的创新型人才，中外学者从多种角度对创新型人才所特有的人格特征进行了研究。

心理学家詹森贝蒂（Jason Betty）根据历代发明家的资料，总结出了发明家在人格上的十大特点：第一，无所畏惧，为自己的发明创造不惜冒险；第二，从不计较别人的嘲笑；第三，执着追求，对从事的研究始终保持较大的兴趣；第四，力求完整化的心理促使他们不懈努力；第五，对自己的研究充满信心；第六，永不衰退的自信心；第七，永不衰退的好奇心；第八，强烈的好胜心；第九，不受外物干扰，沉醉于研究；第十，别具一格的孤独性格。[①]

心理学家戴维斯（Davis）于1980年在第22届国际心理学大会上将创新人格特征概括为以下十个方面：独立性强、自信心强、敢于冒险、

① 陶国富：《创造心理学》，立信会计出版社2002年版，第42—45页。

有理想抱负、不轻信他人意见、易于被复杂奇怪的事物所吸引、有基本的审美观、具有幽默感、兴趣爱好广泛但有专长、具有好奇心。①

国内学者房国中、王晓均则认为各类创新型人才的共同人格特征可以被概括为如下八个方面：第一，高自我实现的需要（高成就动机）；第二，广泛而稳定持久的兴趣（志趣）；第三，勤奋有责任心；第四，积极的情感、高度的情绪自控力；第五，强烈的好奇心和求知欲；第六，有竞争意识与危机感；第七，自信心强、坚韧有毅力；第八，有勇气、果断、敢于冒险。②

综合中外学者的研究成果，创新型人才的人格特质可以被概括为如下九点：其一，渴望知识、有强烈的求知欲；其二，对世界抱有好奇心、兴趣广泛；其三，高成就动机；其四，对社会有积极的认识、世界观积极向上；其五，心理状态稳定、抗干扰；其六，善于控制冲动、延迟满足；其七，个性独立、可以忍受孤独；其八，相信成功、有自信心；其九，敢于冒险。具有这九点人格特质的人更合适从事创新产业工作，而以创新能力为导向的青年人才发展治理，也要在遵循客观规律的基础上，将更多的青年人才向这样的人格特质引导。一方面要善于找到群体中具有创新人格特质的个体，这些个体加入创新产业往往事半功倍；另一方面要在新时代青少年的成长发展中注重健康人格的塑造，从而培养更多创新型青年人才。

二　成长环境

人是环境的产物，赫拉利在《未来简史》中提到，人的心智本质上是处理外部数据的结果，人对世界的理解来自对世界进行感知后的体认，即接收数据→处理数据→得到数据的过程。古人言："近朱者赤，近墨者黑。"交往环境对个体的塑造、影响作用是毋庸置疑的。

美国心理学家尤里·布朗芬布伦纳（Urie Bronfenbrennr）提出了生

① 徐春玉、李绍敏：《以创造应对复杂多变的世界》，中国建材出版社 2003 年版，第 252—258 页。

② 房国忠、王晓钧：《基于人格特质的创新型人才素质模型分析》，《东北师大学报》（哲学社会科学版）2007 年第 3 期。

态系统论，在环境影响人的发展问题上提出了详细具体的论述。生态系统论认为人在复杂的关系系统中的发展受到多水平环境因素的影响，布朗芬布伦纳基于社会环境中的各种影响构建了“生物生态模型”。其中，模型的最里层是微环境系统，关注成长中的人与直接生活环境间的交往关系，包括个体与直系亲属、个体与教育者、个体与邻里伙伴三部分的关系。①

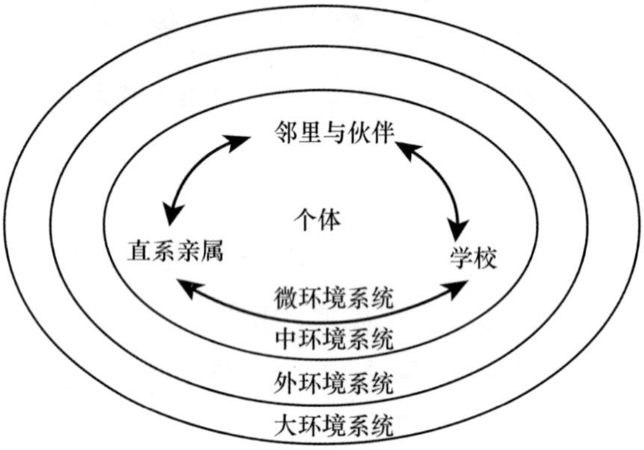

图 5—3　布朗芬布伦纳的生态系统论

个体成长微环境系统中的直系亲属主要指父母、兄弟姐妹等，对创新型青年人才发展有着重要的意义。其中，父母作为孩子的第一任老师，对个体成长的影响最大，不同的父母教养方式会引领着个体走向不同的发展方向。首先，父母之间的关系影响教养方式的质量。如果父母之间的关系是支持性的，爸爸妈妈在承担父母角色中互相鼓励，他们就能更好地承担做父母的责任，给孩子提供积极健康的发展环境；相比之下，夫妻冲突往往会导致二者对孩子教养方式上的冲突，进而影响甚至迁怒于孩子，父母和孩子都会面临负面、压抑、不益于发展的环境。

与生物因素相同，原生家庭是个体成长的底色，但并非是对未来起决定作用、一生都要受其束缚、不能抹去的色彩。如果个体在后续的社会交往中能挣脱消极成分束缚，那么他的人格就可以向着更加健康、向

① 黄希庭、郑涌：《心理学导论》，人民教育出版社 2015 年版，第 104—105 页。

上的方向发展。因此，在创新型青年人才的治理过程中，打牢原生家庭基础固然重要，但在不良家庭下成长的个体并非未来无望，后续的教育关系和伙伴关系都是将个体从深渊中拯救起来的绳索，使个体能够疗愈心理创伤，向健康、有创造性的人格发展。

邻里与伙伴作为除直系亲属、教育者外的另一个经常与个体产生直接接触的微环境因素，对个体发展的影响也是不可忽视的。“孟母三迁”的故事古已有之，每个人所处的交往环境都可以让人无意识地与之互动，渐渐形成和环境相互影响的磁场，无论是思维形式还是行为习惯都会慢慢发生变化。模仿学习是个体学习的主要方式，长期交往的伙伴作为个体接触最多的外部世界，其言语、行为都是个体模仿的蓝本，影响着个体对外部世界的认知，从而影响个体的观念、态度与思维。正如《孔子家语》中所述：“与善人居，如入芝兰之室，久而不闻其香，即与之化矣。与不善人居，如入鲍鱼之肆，久而不闻其臭，亦与之化矣。”①

个体成长过程中微环境系统的另一重要方面就是学校教育。《中国大百科·教育》中将教育定义为：“培养人的一种社会活动，同社会的发展、人的发展有着密切的联系。”② 在教育过程中，教师作为与学生直接接触的个体，要根据学生的发展实际及教育目标、要求，在特定的环境中采用特定的教学方法，通过特定的途径来促进学生成长，传授学生知识、训练学生思维、引导学生形成积极向上的独立人格。由于教师与学生在身份上的特殊性，教师对学生的指导不仅仅在课堂知识中，教师的言行无法避免地对学生有着潜移默化的影响，教师为学生讲授知识时，二者无意间的交往接触，这种影响就会逸散出去。知识性教育身份与思想性教育身份，自教师身份诞生起就交织于教师身份之中，李叔同先生之于丰子恺、莎莉文（Anne Sullivan）老师之于海伦·凯勒（Helen Keller），教师对学生产生终生影响的故事不胜枚举，教师在教育过程中传道授业、言传身教，由表及里地塑造学生对于世界的认识和态度。

① 杨朝明、宋立林主编：《孔子家语通解》，齐鲁书社 2009 年版，第 187 页。

② 董纯才、刘佛年、张焕庭：《中国大百科全书·教育》，中国大百科全书出版社 1985 年版，第 1 页。

教育是青年人才创新能力培养的重要支撑。问卷调查发现，调查样本中认为基础教育、高等教育和高水平的大学教育，对于青年人才创新能力培养均具有重要影响，均值都在4分以上。通过进一步调查不同教育阶段对创新能力培养影响的程度发现，教育阶段对创新能力培养的影响程度是一个依次上升的过程。从初中及以下，到博士后的教育，对创新能力培养的影响逐渐上升。总分为5的情况下，均值从2.64逐渐上升到3.89，详见表5—6。因此，对青年人才创新能力的培养，系统的教育，特别是高层次的研究生教育至关重要。

表5—6　**教育和教育阶段对创新能力培养的影响**　（%，N=345）

变量	很弱	较弱	一般	较强	非常强	均值（标准差）
基础教育	0.87	0.58	16.81	47.54	34.20	4.14（0.77）
高等教育	0.87	0.87	17.10	47.54	33.62	4.12（0.78）
高水平大学教育	1.16	0.29	17.39	47.25	33.91	4.12（0.78）
初中及以上	15.65	23.77	44.35	13.33	2.90	2.64（0.99）
高中	14.49	22.03	47.25	12.75	3.48	2.69（0.99）
大学	4.35	14.49	48.70	26.38	6.09	3.15（0.90）
硕士	3.48	6.09	36.52	43.19	10.72	3.52（0.89）
博士	2.90	3.19	22.61	45.22	26.09	3.88（0.93）
博士后	3.19	3.19	24.64	39.42	29.57	3.89（0.97）

人才作为具体的社会人，必然受到个体条件因素的制约。通过调查个体条件因素对创新能力培养的影响发现，身体健康、家务负担、子女教育、住房保障等对创新能力培养具有较大影响，总分为5的情况下，均值依次为3.95、3.72、3.81、3.00，详见表5—7。这说明青年人才的创新能力培养，需要将其个体的身体健康、家务负担、子女教育等条件性因素纳入考量，尽可能减少个体性条件对青年人才创新能力的负面影响。

表 5—7　　个体条件因素对创新能力培养的重要性　　（%，N=345）

变量	不重要	不太重要	一般	比较重要	非常重要	均值（标准差）
性别	24.93	26.96	28.41	17.10	2.61	2.46（1.12）
年龄	8.41	15.65	31.30	37.97	6.67	3.19（1.05）
父母学历	11.30	19.13	31.01	34.78	3.77	3.01（1.07）
身体健康	2.32	2.90	19.71	47.25	27.83	3.95（0.89）
户籍	28.41	30.14	26.67	12.17	2.61	2.30（1.09）
档案	29.57	31.30	25.51	10.72	2.90	2.26（1.08）
住房保障	15.36	15.94	32.46	25.80	10.43	3.00（1.21）
家务负担	3.48	6.96	24.64	44.35	20.58	3.72（0.98）
子女教育	3.77	4.64	21.74	46.67	23.19	3.81（0.97）
家庭成员	7.54	11.30	43.19	30.14	7.83	3.19（1.00）

三　职业环境

青年人才创新能力培养离不开良好的发展生态，特别是职业生态的作用。为分析不同工作阶段对创新能力培养的影响程度，问卷细分调查了不同工作时间段对创新能力培养影响的程度。数据分析发现，工作阶段对创新能力培养的影响程度是一个逐渐上升，再下降的过程。工作第1年、工作第2—3年、工作第4—5年、工作第6—10年、工作11年以后的影响程度的均值依次为3.09、3.28、3.44、3.40、3.26，见表5—8。这说明工作第4—5年对于创新能力培养的影响程度最为重要，也说明对青年人才创新能力的培养需要根据工作时间阶段的影响特点，有针对性地加强青年人才创新能力培养。

表 5—8　　工作阶段对创新能力培养的影响　　（%，N=345）

变量	很弱	较弱	一般	较强	非常强	均值（标准差）
工作第1年	7.83	20.58	36.81	24.35	10.43	3.09（1.08）
工作第2—3年	4.93	12.46	40.29	34.20	8.12	3.28（0.95）
工作第4—5年	3.19	8.12	40.29	38.55	9.86	3.44（0.89）
工作第6—10年	4.93	8.70	40.29	33.91	12.17	3.40（0.98）
工作11年以后	6.67	11.01	43.19	28.41	10.72	3.26（1.01）

通过问卷调查人才职业群体对创新能力培养的影响发现，青年人才职业发展紧密相关的群体对于青年人才创新能力培养具有重要影响。导师、领军人才或者学术带头人、科研团队对于青年人才创新能力培养影响程度相对较大，在总分为 5 的基础上，均值依次为 4.17、4.14、4.10，认为导师对创新能力培养影响较强和非常强的分别占比 46.67% 和 36.81%，认为领军人才或者学术带头人对创新能力培养影响较强和非常强的分别占比 42.03% 和 39.42%，认为科研团队对青年人才创新能力培养影响较强和非常强的分别占比 50.72% 和 30.19%。此外，直属上司、单位领导、合作团队等对青年人才创新能力培养同样具有重要影响。详见表 5—9。这说明青年人才创新能力培养离不开职业周围群体的作用，特别是离不开导师、科研团队、领军人才的建设和支持。

表 5—9 **职业群体对创新能力培养的影响** （%，N＝345）

变量	很弱	较弱	一般	较强	非常强	均值（标准差）
领军人才或学术技术带头人	2.61	1.45	14.49	42.03	39.42	4.14（0.90）
单位领导	5.22	5.22	28.70	40.29	20.58	3.66（1.03）
直属上司	4.06	4.06	22.90	46.67	22.32	3.79（0.97）
同事	4.35	6.96	47.25	34.49	6.96	3.33（0.87）
合作团队	2.03	2.32	28.41	51.01	16.23	3.77（0.82）
科研团队	1.45	1.16	15.07	50.72	31.59	4.10（0.80）
科研助手	2.90	6.96	37.97	38.84	13.33	3.53（0.91）
科研辅助人员	4.06	11.30	44.35	32.75	7.54	3.28（0.91）
导师	1.45	0.58	14.49	46.67	36.81	4.17（0.80）
同学	1.74	5.51	47.25	38.26	7.25	3.44（0.78）

总而言之，人作为环境的产物，环境系统尤其是与个体联系最紧密的微环境系统对个体发展起着至关重要的作用。父母的教养方式、与朋友邻里的关系以及在受教育过程中形成的社会关系都在不断地塑造着个体对世界、对自身的看法，影响个体的思维方式及行为模式。能够持续发展且对社会有价值的创新型人才所必备的心理条件即是：积极阳光的

心态、勇于拼搏战胜困难的精神、对世界充满好奇并乐于探索、内心强大能够潜心研究耐得住寂寞，而这些心理条件都需要家庭、学校环境、邻里与伙伴给予正向恰当的支持，促成创新型青年人才的形成。

所有个体的人才发展，构成了群体的人才发展。以创新能力为导向的青年人才发展治理所作用的最小单元是微观个体的创新型青年人才，探讨以创新能力为导向的青年人才发展治理的影响因素要紧紧围绕着创新型青年人才个体的共性来分析讨论。综合本章所述，从微观个体着手探讨创新型青年人才发展的影响因素由内至外分为生理心理、成长环境、职业环境三个方面。首先在生理心理方面，个体的智力水平、脑区发育程度及脑神经网络的构造都会对个体的创新能力产生一定影响，但这种影响并非先天决定的，人脑可以通过后天的开发克服先天的劣势，一定的思维训练可以使得个体的生物条件更加适应创新型工作。不同的人格心理特质影响个体的思维方式、处事态度、解决问题能力，不同的人格有不同的胜任倾向，适合不同类型的创新工作。其次在成长环境方面，家庭、学校、邻里及伙伴构成了个体交往最紧密的微环境系统，对个体有着不可避免的塑造作用，这些群体影响着个体对世界的态度及认知水平，他们对个体的积极、正向的支持是创新型青年人才发展的必要条件。最后在职业环境方面，良好的职业发展生态，包容互促的职业群体对于青年人才发展都具有至关重要的作用。

第六章

以创新能力为导向的青年人才发展治理路径

经过多年努力，创新型青年人才培养取得了显著成效，但是依旧具有较大优化提升空间。综合青年人才发展治理的现状、典型案例和影响因素，寻找以创新能力为导向的青年人才发展治理的原则，探索相关治理路径，构建治理体系，提供系统的治理优化方案具有重要的理论价值和现实意义。

第一节　以创新能力为导向的青年人才发展治理基本原则

以创新能力为导向的青年人才发展治理是一个具有综合性、复杂性、系统性的全面工程。高质量推进青年人才发展治理，既需要有事无巨细的具体举措，也需要有方向性的原则引领。因此，寻找以创新能力为导向的青年人才发展治理路径，在行动、价值、策略、分配等方面明确其治理的基本原则是其必要前提。

一　在行动上遵循客观规律

习近平总书记在不同场合强调我国建设成为人才强国，必须要认识规律、尊重规律，按规律办事。遵循人才发展和国家治理现代化发展规律，依规律而行是推动国家治理现代化和人才发展的重要保障。[①] 创新

① 任瑞升、黄维：《论人才发展与国家治理现代化的逻辑理路及实践路径》，《人文杂志》2021 年第 12 期。

是以一定客观规律为基础的活动。创新能力培养是一个循序渐进，由量变到质变的过程，既受到事物发展变化和人才发展普遍规律的制约，又离不开创新规律的作用。以创新能力为导向的青年人才发展治理必须以遵循客观规律作为基本原则。

第一，遵循事物发展变化的普遍规律。在青年人才发展治理过程中，需要遵守事物发展的对立统一规律、质量互变规律、否定之否定规律等普遍规律。根据对立统一规律，内部矛盾是事物变化发展的根本动力，推动事物发展需要抓住主要矛盾和矛盾的主要方面。因此，以创新能力为导向的青年人才发展治理，需要从事物发展的内部出发，根据人才发展治理的主体、阶段、内容等方面紧紧抓住主要矛盾和矛盾的主要方面。例如，青年人才发展治理主体需要结合实际，发挥好政府职能部门、用人主体、市场主体等的作用。根据不同人才的类别和特征，发挥好各自人才治理的责任，特别是政府管理部门和用人主体在人才治理中的内生作用。在人才发展治理阶段方面，应当根据国家和社会发展需要，对青年人才创新的方向进行引导，对“卡脖子”“高精尖”等关键领域的创新人才治理给予重点支持。在人才发展治理的内容方面，应当聚焦于青年人才创新能力的培养，同时在创新型人才的引进、作用发挥方面共同发力。质量互变规律强调只有量的积累达到一定程度，才会引起质的变化。青年人才发展治理亦是如此，只有坚持一切从实际出发，根据现阶段的情况不断的改进、持续的优化，长期的积累，最终才能实现水滴石穿的治理效果，推动我国由人才大国走向人才强国。否定之否定规律告诉我们，事物发展变化并不是一次性完成的，而是一个螺旋式上升的过程。青年人才发展治理是一个长期的过程，中间可能会面临循环往复，甚至短期的挫折。因此在青年人才发展治理实践中，需要不断总结经验教训，辩证地看待短期的失败。通过坚持推动人才治理向前发展，最终将会取得人才发展治理的成功。

第二，遵循人才发展治理的普遍规律。以创新能力为导向的青年人才发展治理，基础依旧在于人才发展治理本身，创新能力培养只是在此基础上的延伸和拓展。青年人才发展治理离不开人才开发规律、人才成长规律、人才流动规律、人才需求规律、人才价值规律、人才评价规律等人才发展普遍规律的制约。人才开发规律启示人才成长是一个有机整体，必须整体开发，统筹推进。人才成长规律启示人才发展是一个不断积累的过程，对重点关键领域必须早做打算，重点倾斜。人才流动规律认为，人才总是流向条件更好和更能发挥作用的地方，人才发展治理必须优化人才发展环境，让人尽其才，才尽其用，才有所得。根据人才需求规律，人才的需求是经济社会发展的产物，最终需要通过市场的检验，人才发展治理需要让政府、市场、社会相关主体各司其职，各尽其责，既要发挥市场的力量，也要政府的方向性调节。人才价值规律强调人才价值的体现重点在于让人尽其才，并且在使用中获得激励和增值，人才发展治理需要根据市场经济环境变化，建构其符合实际的激励培养机制。人才评价规律强调，人才评价的科学性、公平性是保障人才积极性、留住人才、用好人才的基本保障，着力构建其符合各类人才自身规律和特点的人才评价体系是人才发展治理的必要支撑。[①]

第三，遵循青年人才创新能力培养的一般规律。创新人才成长通常需要遵循创新特质养成规律、师生互动成长规律、关键时期创新规律、社会文化驱动规律、道德素养规律等。[②] 创新特质养成规律揭示了创新特质的养成，需要通过发现、培养、引导等方式，发现青年人才在具备好奇心、有毅力、有激情、精力集中、喜欢挑战、积极性高等方面的创新特质，并对这些特质加以引导到所从事的创新工作中。师生互动规律主要是青年创新人才的培养需要有创新型前辈的引导，在师生互动中往往能够做出更大的创新。关键时期创新规律是对人才创新能力激发年龄阶段的总结，主要是指人才创新能力的养成和创新成果的突破往往集中在青年时期。因此需要更加注重对青年人才创新潜能的培养和激发。社会文化驱动规律强调青年人才创新能力的培养，需要在一定的创新环境和氛围之中，外部的环境氛围能够促进创新潜能的发挥。道德素养规律揭示了创新人才的长远发展，需要有道德素养作为保障，才能持续促进青年人才的创新创造，为青年人才长期从

① 孙建立：《把握人才发展规律推动人才工作科学发展》，《中国人才》2013 年第 17 期。

② 李亚员：《创新人才成长规律：一个学术史的考察》，《国家教育行政学院学报》2016 年第 7 期。

事创新工作提供精神动力。

第四，遵循青年人才创新的特殊规律。青年人才创新的特殊规律主要是指不同类别、不同行业的青年人才创新能力培养具有的特有规律。在青年人才创新能力培养过程中，根据青年人才的具体特征，按程序、分类别加以引导具有必要性。例如，针对高校青年人才的创新能力培养，就需要结合不同专业的特性进行区分。对于理工科类的专业人才，引导其进行发现和创新创造短期内就有可能产出创新成果。人文社会科学类的创新往往需要长时间的积累和沉淀，短期内要求青年人才做出创新性成果通常并不容易，甚至会适得其反。又如，对于应用型创新人才和理论型创新人才的能力培养，也需要区别对待。应用型创新人才更加侧重于在实践中进行创新能力培养，理论型创新人才则需要更加注重对理论素养的培养和思维的训练。

二　在价值上坚持正确导向

正确的价值导向是引领人才发展的重要基石。尽管创新是一项具有探索性、风险性的实践活动，具有一定的不确定性，但是必须以遵守基本的科学道德伦理、法律法规为基本前提。以创新能力为导向的青年人才发展治理，需要以推动人类文明进步、国家社会发展，为国家和社会谋福祉为价值追求，而不是仅仅为了个体私利进行创新，更不能为了利益进行有悖科学伦理、法律法规的创新。坚持正确的价值导向应当成为青年人才发展治理在价值上的基本原则。新时代以创新能力为导向的青年人才发展治理的价值导向主要应当坚持以下三个方面。第一，以遵循科学伦理道德为前提。科学伦理是人类在开展科技创新活动中形成的基本道德共识，是为维护整体发展利益出发而得出的基本经验。青年人才具有思维活跃、创新能力强、敢想敢干、好奇心强等特点，但这种优势如果没有正确的科学伦理道德作为引导，就会变成一把“双刃剑”，甚至演化成为创新能力越强，创新活动所产生的危害越大的负面效应。全球范围内技术的飞速发展和巨大变革，促使创新具有更多的复杂性和不确定性，创新在推动发展的同时，往往也对自然和社会带来了诸多不利影响。遵守创新伦理，让公众和所有利益相关者参与，并且重视社会预期和潜在风险的负责任创新，应当成为科技技术创新的重要前提。[①] 以创新能力为导向的青年人才发展治理，需要而且必须以引导青年人才遵守创新伦理为基本原则。

第二，以遵守法律法规为底线。法律法规是人类创新活动的基本保障，也是对创新活动边界的基本规制。以创新能力为导向的青年人才发展治理，必须将遵守法律法规作为基本内容。从价值观层面引导和保障青年人才创新实践在法律法规的范围内活动，不能逾越法律的底线应当成为青年人才发展治理的应有之义。一方面，青年人才发展治理必须遵守法律法规。青年人才发展治理涉及引进、培养、使用等诸多内容，关系到政府管理部门、用人主体和青年人才等多个主体，涉及人才治理政策制定、人才治理活动开展等多个环节，具有综合性、复杂性和系统性。正是因为人才治理的复杂性、综合性和系统性，更需要注重治理活动的程序和实质合法性，确保人才治理始终在法律框架内进行。例如，在市场经济环境中为了避免青年人才流失，少数用人单位违法侵犯青年人才的隐私权和自由选择权；又如，为了最大限度地获得青年人才的劳动价值，变相强制违法要求长期加班不休，侵犯青年人才的休息权等案例时常见诸报端。另一方面，青年人才的创新能力培养和创新实践需要在法律法规框架内开展。以创新能力为导向的青年人才发展治理，需要在创新实践中进行检验和提升。对青年人才的创新活动进行引导和规范，让青年人才具备遵守法律法规的底线意识，在法律框架内开展创新实践，应当成为青年人才发展治理的重要组成部分。

第三，以推动国家社会发展为追求。青年人才发展治理是国家治理的一部分。以创新能力为导向推动青年人才发展治理，其核心目标在于为国家治理体系和治理能力现代化提供支撑，最终目标在于激发人才创新活力，为推动社会发展进步，实现中华民族伟大复兴提供力量。一方面，青年人才发展治理应当紧紧围绕国家和社会发展的现实需要。青年人才发展治理是国家治理体系和治理能力现代化的重要组成部分，也是解决国家和社会发展现实需要的必然之举。以治理的方式方法推动青年

① 苏屹、王文静：《负责任创新：研究述评与展望》，《科研管理》2021 年第 11 期。

人才发展，特别是创新能力的提升，从而为国家和社会发展的现实需要提供高质量的可靠人力智力支撑，是青年人才发展治理的必备内涵。另一方面，青年人才发展治理应当以争取为国家和社会发展做贡献为价值追求。青年人才是国家和社会发展的重要力量和高端人力智力资源，理应肩负起为推动国家社会发展的历史使命。通过治理的手段，全面增强青年人才的创新创造能力，为国家社会发展的重点和难点领域的发展提供支撑，应当成为青年人才发展治理的内在价值追求。在青年人才发展的具体实践中，以坚持道德伦理、法律法规和事业追求的正确价值导向为基本原则，能够为青年人才创新活动的方向提供正确保障。反之，则可能导致青年人才由于价值观偏离，甚至误入歧途，给青年人才治理大局造成负面效应和不可控风险。

三　在策略上坚持综合施治

青年人才发展治理是一个需要多主体配合的系统性、综合性的复杂工程。坚持协同治理和综合施治应当成为青年人才发展治理在策略上的基本原则。

第一，坚持协同治理。一是坚持党管人才的基本治理架构。中国共产党的领导是推动国家治理水平和治理体系现代化，实施人才强国和创新驱动发展战略的核心。在党管人才的治理架构下，能够更有效地协同治理资源，以行政系统的领导推动人才发展治理稳步向前。中国人才发展治理取得的重大历史成就，与坚持党管人才原则密不可分。青年人才发展治理需要明确执政党的中心治理主体角色，充分发挥党的领导的政治优势。通过党的全面领导优势，协同各方治理资源，形成治理合力，才能更好地实现聚天下英才而用之的战略目标。① 二是发挥多主体的协同治理作用。在经济社会和科学技术快速发展的背景下，青年人才发展治理不仅需要发挥政府部门在政策制度和监管服务方面的重要作用，还需要市场、社会和公众各司其职与协同配合。以创新能力为导向的青年

---

① 孙锐、吴江：《创新驱动背景下新时代人才发展治理体系构建问题研究》，《中国行政管理》2020 年第 7 期。

人才发展治理，涉及治理主体、客体、制度、环境等方方面面，部分领域具有较高的专业性和行业特性，仅靠政府单一主体，难以保障人才发展治理的长远发展。以各个主体协同治理的策略，才能构建出高效的人才发展治理总体格局，也是人才发展治理走向可持续的关键所在。

第二，坚持综合施治。青年人才发展治理是一项具有综合性、复杂性、全面性的工程。以系统的治理思维综合施治，是应对青年人才发展治理复杂性、综合性、全面性的应然举措。从治理主体、客体、环境、政策等维度，全面考虑青年人才发展治理的各个环节，多管齐下构建起人才发展治理的综合体系，是保障人才发展治理取得全面进步和显著成效的必要支撑。青年人才发展治理需要全面考虑当前人才发展面临的难点、痛点和重点，以系统的思维制定综合治理方案。对于重点关键领域的人才发展治理问题要提前谋划，从人才发展的整体格局制定策略。例如，对于“卡脖子”“高精尖”等创新领域就需要提前进行人才储备，从人才引进、人才培养、留才用才等方面综合考量，避免“头痛医头、脚痛医脚”式的被动施治。

第三，坚持统筹兼顾。一是主体与客体的统筹。以创新能力为导向的青年人才发展治理既需要政府、市场、社会和公众等主体的共同发力，同样也离不开青年人才自身的主动作为和奋发努力。在青年人才发展治理过程中，治理主体既不能不顾青年人才的现实需要和个体特征，“一厢情愿”式的越俎代庖地包办和推动，又不能不管不顾地对青年人才放任自流。青年人才治理是一项需要主体和客体、主体之间、客体之间相互配合，主动作为的系统工程。因此，在谋划青年人才发展治理时，需要从实际出发，统筹好主体与客体、主体之间、客体之间的关系，让主体和客体各尽其责，防止治理主体“好心办坏事”现象的发生。二是制度与环境的统筹。青年人才发展治理既离不开制度的支撑，也离不开外部社会环境的制约。在人才发展治理的环境中，需要统筹制度与环境的匹配性，从人才发展的现实环境出发，考虑制度的可行性、前瞻性和有效性。通过制度和环境的统筹，实现制度与人才发展环境的相互促进，以制度的手段优化人才发展环境的同时，又推动人才发展治理制度的完善。三是短期与长期的统筹。以创新能力为导向的青年人才发展治理是一个长期的过程。青年人才发展治理既需要在长期人才强国和创新驱动发展战略下引领向前，又需要制定具体的短期规划和目标。通过统筹长期目标和短期目标，实现战略引领和具体目标积累的整合，最终为人才发展治理的可持续稳定推进夯实基础。

四　在分配上保障合理利益

邓小平在1978年《解放思想，实事求是，团结一致向前看》这一重要讲话中指出“不讲多劳多得，不重视物质利益，对少数先进分子可以，对广大群众不行，一段时间可以，长期不行。革命精神是非常宝贵的，没有革命精神就没有革命行动。但是，革命是在物质利益的基础上产生的，如果只讲牺牲精神，不讲物质利益，那就是唯心论”。因此，在青年人才发展治理实践中，以保障人才利益为基本原则，构建以创新为导向的激励保障机制具有必要性。保障人才利益是以创新能力为导向的青年人才发展治理在利益分配方面的基本原则。

第一，保障青年人才发展的合理需要。人才流动规律认为人才总是往更好发展环境、更高收入的区域流动。在市场经济背景下，拥有创新能力的青年人才往往可选择面较广，人才流动率高。根据马斯洛需求层次理论，人具有从低到高的生理需求、安全需求、社交需求、尊重和自我实现需求，需求的满足是激励和推动个体行为的重要动力。青年人才往往处于发展的重要阶段，除了维护生活所需的基本需要以外，更多的是追求尊重和自我实现的需要。因此，以创新能力为导向的青年人才发展治理，需要从人才自身需要的角度出发，维护青年人才的合理需要。在已有条件下，保障青年人才的生活需要，在待遇上给予具有竞争力的保障，在情感上给予关心关怀，在工作上给予青年人才尊重和自我实现的平台和机会，是留住人才、用好人才、发挥人才作用的重要基础，也是人才发展治理的重要内容。

第二，维护青年人才创新创造利益。创新是一项具有探索性和风险性的实践活动，如果只讲奉献，不讲回报，极有可能影响青年人才的创新动力，最终降低整个青年人才队伍的创新能力。在市场经济环境下，可以根据创新的贡献程度，进行创新所得的市场化利益的激励分配，进而激发青年人才开展创新活动，不断提升创新能力，主动探索的积极性。与此同时，对关乎国计民生，对国家和社会发展的长远利益不可或缺，但暂时无法进行市场利益转换的重要领域，可以通过政策和资源的倾斜，给予具有竞争力的待遇，保障这些领域青年人才的创新热情。

第二节　以创新能力为导向的青年人才发展治理路径①

习近平总书记在2021年中央人才工作会议上指出，要“积极为人才松绑”，“完善人才管理制度，做到人才为本、信任人才、尊重人才、善待人才、包容人才”，“把培育国家战略人才力量的政策重心放在青年科技人才上，给予青年人才更多的信任、更好的帮助、更有力的支持，支持青年人才挑大梁、当主角”②。青年人才是人才队伍的重要力量，如何引进好、培养好、使用好青年人才，事关人才治理成败的大局。针对当前青年人才发展面临发展生态压力、空间挤压、需要缺失、认同偏离等困境，进一步优化人才发展生态、拓展人才发展空间、满足人才发展需要、引导人才个人发展观，提升青年人才创新能力是青年人才发展治理的应有路径。

一　优化青年人才发展生态

党的十八大以来，国家层面为优化青年人才发展生态，采取了一系列治理举措，取得了显著成效。2018年以来，科技部、财政部、教育部、中科院先后印发《贯彻落实习近平总书记在两院院士大会上重要讲话精神开展减轻科研人员负担专项行动方案》（减负行动1.0）和《关于持续开展减轻科研人员负担　激发创新活力专项行动的通知》（减负行动2.0）。2022年7月28日，为贯彻落实习近平总书记重要指示精神，落实中央人才工作会议精神，科技部、财政部、教育部、中科院、自然科学基金委联合印发了《关于开展减轻青年科研人员负担专项行动的通

① 注：本节部分内容和观点已发表至课题组的相关研究成果之中。

② 习近平：《深入实施新时代人才强国战略，加快建设世界重要人才中心和创新高地》，《求是》2021年第24期。

知》，《通知》指出，为解决青年科研人员面临的崭露头角机会少、成长通道窄、评价考核频繁、事务性负担重等突出问题，保障青年科研人员将主要精力用于科研工作，充分激发青年创新潜能与活力，开展减轻青年科研人员负担专项行动（减负行动3.0），要求从青年人才挑大梁、增机会、减考核、保时间、强身心五个方面开展具体行动。这一系列的举措为优化青年人才发展生态，特别是创新能力培养生态具有积极作用。然而，以创新能力为导向的青年人才发展治理是一个长期的动态过程，优化青年人才发展生态，仍然需要久久为功，不断结合新的形势要求，推动治理举措落地见效。

人的自由全面发展理论认为，个人的自由全面发展需要与社会的发展相互协调统一。个人的发展促进社会的发展，同时也离不开社会的发展作为支撑。结合青年人才的群体特征和经济社会形势，从青年人才发展的外部生态出发，为青年人才营造良好的发展生态环境，是促进青年人才发展的重要支撑。第一，在总体人才发展资源供给方面，适当向青年人才倾斜。由于青年人才发展阶段的相对弱势，因此有必要在整体人才发展资源分配中对青年人才给予专门的支持。值得注意的是，青年人才发展资源的倾斜并不是雨露均沾式的全面铺开，而是根据不同领域、不同行业青年人才的特点和发展成长规律，有针对性地给予支持。例如，对于青年科技领军人才，给予其科研条件和资源配置；对于青年党政人才给予多岗锻炼、展示自我的机会；对于青年企业人才，通过建立青年人才发展基金等方式，给予其保障和试错机会等。

第二，优化青年人才发展资源的内部分配机制。在做大青年人才发展资源“蛋糕”的同时，科学公平地分好人才发展资源“蛋糕”就至关重要。青年人才所需的发展资源分配需要以竞争的方式激发人才动力，但也要防止过度竞争导致的“内卷化”。例如在高校科研领域，教育部及时出台打破唯论文、唯帽子、唯职称、唯学历、唯奖项的“五唯”制度方案，但是“破”之后，也需要“立”好新的公平的资源分配机制。既要防止已发现的原有评价和资源分配体系弊端的积重难返，也要防止破而不立，以及立的新机制缺乏公平性、客观性和科学性，对青年人才发展造成新的壁垒。同时，用人主体对于青年人才成果转换的收益，可以探索建立利益联结机制，进一步激发青年人才创新创业的积极性。例如，在科技人才发展资源配置方面，调动高校、企业等用人单位的积极性，推动产学研深度融合，促进青年人才在科研成果的转化中获益。

第三，缓解青年人才发展的外部压力。在识别人才的基础上，不仅做好培养、引进、使用等发展性工作，还需要缓解青年人才发展的外部压力，解决青年人才发展的后顾之忧，使其能够安居乐业。地方政府人才工作部门和用人主体，除了给予青年人才应有的物质保障之外，还应充分考虑青年人才融入当地工作的具体困难，包括青年人才子女就学、公共服务配套等方面可能面临的问题，从而实现青年人才“引得进来，也留得下来”。

人的自由全面发展理论认为，人的发展是每个人而不是少数人的发展，是多数人的共同发展。青年人才的发展离不开整个社会环境、组织环境的支持，既要追求个人的发展，也要推动整个群体的提升。一方面，为青年人才个性化、多元化发展给予适当尊重和包容。青年人才通常具有善于革新、勇于尝试、追求人际平等、个性相对鲜明等普遍特征。给予青年人才宽松包容的成长环境，有利于更好地激发青年人才的潜能。用人主体单位和人才管理部门需要防止领导和权威，以及既得利益者，对青年人才发展空间不必要的挤压。对于个性化的青年人才给予引导和包容，尽可能地让青年人才发展少受传统观念的束缚。

另一方面，营造公平的青年人才发展空间。机会平等是人才通过自身努力提升能力，实现持续发展的重要基础。[①] 相对公平的发展空间，对于激发青年人才积极性和创造性，让其获得自我价值认同，防止青年人才“躺平”具有重要意义。拓展青年人才发展空间，需要避免青年人才职业发展的“阶层化”趋势，打破人才发展由个人能力之外的因素导致的“利益固化的藩篱”，形成青年人才发展的相对公平的空间，从而让青年人才个人能力能够得到自由全面的发展。

---

① Trannoy，A. Talent，“equality of opportunity and optimal non-linear income tax”，*The Journal of Economic Inequality*，2019（17）.

二　解决青年人才发展需要

人的需要是推动社会生产发展的动力，也是促进人自由全面发展的重要来源，“没有需要，就没有生产”[①]。尊重和满足青年人才发展的需要，是激发青年人才创造性和积极性的重要方面。

第一，解决青年人才生活的基本需要。住房保障、子女就学、家人就医等需要往往是青年人才的刚性需求，解决这些刚性需要是青年人才安心发展的基本前提。可以有针对性地结合当地经济社会发展情况和现实需要，根据青年人才的类别、层次，给予相应的保障。例如，面对市场化的高房价压力，可以寻找市场化或者有计划性地给予青年人才相应的过渡性保障。

第二，根据青年人才的特征和类别，给予差异化发展性需要支持。高层次青年人才，往往生活基本需要已经能够得到充分满足，更多的则是通过个体发展，获得自我价值实现的需要。发展环境的好坏，也是高层次青年人才在一个地方是去是留的重要考虑因素。给予青年人才，特别是高层次青年人才必要的发展性需要支持则必不可少。例如，通过搭建青年人才发展的平台，给予青年人才物质激励的同时，进行精神激励和价值肯定的方式，为青年人才自我实现需要提供载体。

第三，拓宽青年人才精神情感需要路径。青年人才的健康长远发展离不开精神需要的支撑。当前青年人才普遍面临的婚恋难、离家远、工作节奏快等问题具有现实客观性。面对青年人才需要的特征，通过搭建青年人才群体相适应的婚恋平台，落实给予异地发展的青年人才探亲假，让青年人才工作节奏张弛有度等形式，给予青年人才更多的精神情感关怀，从而改善弥补青年人才发展中的精神情感需要缺失问题。

三　引导青年人才职业发展观

马克思主义人的自由全面发展理论认为，个人发展应当与社会发展实现和谐统一。青年人才的发展，不仅需要展现个人能力，实现个人价

---

① 《马克思恩格斯选集》第2卷，人民出版社2012年版，第691页。

值，更加需要将这种能力和价值实现与社会发展的需要相结合。青年人才的发展不仅需要外部发展生态和发展需要的满足，人才自身对个人发展的科学认知和认同同样不可或缺，引导青年人才树立科学的个人发展观具有必要性和紧迫性。

一方面，引导青年人才正确看待劳动的价值。在人的自由全面发展的情境中，劳动是人本质的需要，是实现自我的需要，而不是维持自身自然需要的手段。青年人才在评价自身发展时，应当平衡个人发展与社会发展，个人发展与他人发展之间的关系，而不能仅仅以个人发展至上作为衡量成败的标准。

另一方面，引导青年人才摒弃错误的个人发展观。在市场经济环境下，个人主义、拜金主义、享乐主义、躺平主义等思潮在青年人才中同样占据着一定的空间。青年人才作为社会中的精英，应当引导其正确理性看待发展中的物质回报、竞争公平性、个人得失等问题，防止陷入唯社会经济地位上的成败作为发展成败的唯一标准，以及自我否定或者自我膨胀等不良发展心态。

四　提升青年人才创新能力

青年人才创新能力培养是人才发展治理的重中之重，是推动国家创新驱动发展战略和人才强国战略的重要支撑。青年人才创新能力培养，除了需要采取青年人才发展治理的普遍措施以外，还需要根据青年人才的特征和创新规律进行有针对性的引导。

第一，培养青年人才创新意识。意识是行动的先导，培养青年人才创新的意识，是提升青年人才创新能力的基本前提。一方面，引导青年人才将创新作为一种思想自觉。青年人才处在思维最为活跃、敢想敢为的年龄阶段，是创新创造的重要力量。政府部门和用人主体应当通过政策引导、培训培养、实践锻炼、风险分担等多种方式，加大力度培养青年人才的自主创新意识，引导青年人才主动创新、勇于创新，防止青年人才思维僵化和因循守旧，陷入不想创新、不敢创新的思想窠臼。另一方面，引导青年人才将创新意识转化为创新行为的动力和指南，推动青年人才由创新的思想自觉走向行动自觉。思想意识只是行动的第一步，创新不能是仅仅停留在意识上，而是需要真真切切地落实到行动上。在建构青年人才创新意识的基础上，政府部门和用人主体需要进一步鼓励青年人才由思想走向行动，大胆在实践行动中进行创新探索，并在行动中进一步激发创新的意识和思维，提升创新能力。

第二，营造青年人才创新环境。创新的环境有利于青年人才更好地激发创新的意识和潜能，提升创新能力。一方面，要营造全社会尊重青年人才创新、鼓励青年人才创新的环境。通过整合政府、市场、社会的多元主体作用，为人才创新创造提供支持。政府层面需要对青年人才创新工作进行政策资源倾斜，鼓励市场主体、社会组织和团体引导青年人才开展创新工作。对于需要国家力量主导的重大创新工程，政府可以直接发挥“集中力量办大事”的制度优势，整合全社会的创新人才资源。在创新实践中激发青年人才的创新潜能，提升青年人才的创新能力。在市场层面，鼓励青年人才创新成果进行市场化转换，发挥市场在资源配置和创新成果报酬分配中的调节和带动作用。通过进一步加大对创新知识产权的保护，引导创新成果找到市场、发现市场，获得市场认可，从而激发青年人才的创新创造的热情。在社会层面，引导行业团体、社会组织积极引导青年人才参与创新工作，开展创新训练，提升创新能力。另一方面，要为青年人才创新提供包容开放的环境。对于青年人才的创新探索的失败，要给予一定的学术自由和包容，特别是在高校、科研院所等探索性较强的创新工作中，对于青年人才创新的一时失败要积极引导，并提供容错纠错和兜底的机会，鼓励青年人才大胆创新。

第三，完善青年人才创新制度。制度设计的好坏对于青年人才创新能力的培养具有重要的导向性作用。一方面，进一步完善青年人才创新能力培养的制度体系。青年人才创新能力的培养作为青年人才治理的重要方面，需要在国家层面已有对青年人才发展的中长期发展规划的框架下进行制度细化和完善。各个行业部门和单位可以根据所在领域青年人才的特征，对青年人才创新能力培养进行细化的制度设计，从人才创新能力培养、创新型人才引进、创新型人才使用等方面加以细化完善。另一方面，形成青年人才创新的评价和激励制度。分类精准的评价青年人才的创新能力，是分析研判青年人才创新潜能，调整创新引导策略的基本前提。行业主管部门和单位组织需要根据行业特征，制定科学的青年人才创新评价制度。在创新评价中，既要防止急功近利的“伪创新”和“形式创新”，也要避免对“真创新”的忽视。在青年人才创新评价的基础上，进一步构建起创新激励制度，通过给予项目资金和政策配套方面的激励，发挥制度引导青年人才创新的积极作用。

第四，搭建青年人才创新平台。一方面，要进一步发挥好已有的青年人才创新平台的作用。继续用好青年长江学者、国家优秀青年科学基金、国家优秀青年科学基金海外项目、国家杰出青年科学基金、国家青年拔尖人才支持计划等国家创新人才支持平台，青年人才托举工程等行业平台，以及地方各部门、各行业、各单位已有的青年人才创新平台。进一步总结各类青年人才创新平台的成效和经验，动态优化调整青年人才创新平台的实施方案，最大限度地发挥已有平台对青年人才创新能力培养的积极作用。另一方面，要鼓励政府管理部门、企业、单位和社会组织为青年人才搭建创新平台。除了要用好已有平台之外，还需要进一步发挥市场中的企业、青年人才所在的行业组织和单位对其创新能力培养的重要作用。对培养青年人才创新能力具有突出贡献的企业、单位和组织进行资源倾斜和政策配套，推动市场和社会在搭建青年人才创新平台中的积极作用。

总结而言，人才发展治理是一个复杂的动态过程。人才发展治理遵循着人才发展的一般规律和相应人才类别的特殊规律。青年人才是人才群体中的关键，青年人才发展治理是人才发展治理的重中之重。在创新驱动和人才强国战略的大背景下，以创新能力为导向推动青年人才发展治理是历史的必然和时代的选择。以创新能力为导向的青年人才发展治理，需要综合人的自由全面发展、人才发展规律、人才发展环境、职业认同等要素的共同作用。在一般意义上，当代青年人才发展面临着人才发展生态压力、人才发展空间挤压、人才发展需要缺失、人才自身发展观偏差、职业认同偏离的困境。优化人才发展生态，拓展人才发展空间，解决人才发展需要，培育人才科学的发展观是治理当前青年人才发展困境的必要选择。针对青年人才的创新能力培养，还需要从遵循青年人才创新规律、营造青年人才创新环境、完善青年人才创新制度、搭建青年人才创新平台等方面加以突破。

第三节　以创新能力为导向的青年人才发展治理的体系构建

一　构建青年人才开发培养体系

青年人才开发是人才发展治理的前提，是以源头治理的思维开展人才工作的出发点。青年人才开发涉及人才的发现、人才的引进、人才的储备、人才重点培养领域的确定等诸多内容。构建青年人才开发体系是人才发展治理的基石。

第一，构建青年人才的发现体系。政府部门和用人主体可以结合自身需要，通过自身主动挖掘，以及与市场化的人才企业合作等方式，发现匹配自身需要的青年人才。对于重点领域、关键行业等青年人才，可以以世界眼光，发现国内外顶尖的青年人才，聚天下英才而用之。第二，构建青年人才的引进体系。在市场经济环境下，各个地方和用人主体可以根据自身实际，建立招才引才的具体政策，为引进所需人才，特别是急需紧缺人才的引进进行政策配套。推动人才引得进来、用得起来。在市场经济环境下，各个地方都在出台人才引进的相关政策配套，给出相应待遇争抢人才。虽然人才流动具有合理性，是尊重市场、尊重人才的体现，但是为了避免区域内用人主体争抢人才的恶性竞争，上级人才管理部门对引进人才有必要进行调控引导。通过合理的引导和政策支持，防止区域内恶性人才争夺和人才恶意流动，以及落后地区无人才可用等不良后果。第三，构建青年人才的储备体系。不管是政府部门为区域发展考虑，还是企事业单位等用人主体为自身发展考虑，都需要从人才使用的角度从长计议，构建起青年人才发展的储备体系。通过建立人才周转池、人才储备中心等载体为今后青年人才的使用储备力量。

青年人才的成长离不开系统化的培养，构建一套行之有效的青年人才培养体系，是确保青年人才能力持续提升，青年人才队伍持续壮大，青年人才不断成长的必要基础。第一，建立青年人才的培训提升体系。

不管是青年人才综合能力的增强，还是创新等专项能力的提升，都需要不断培训学习和锻炼。政府管理部门和用人主体可以通过对青年人才外出培训、交流任职、委托培养、学历提升等方面的明确规定，根据青年人才不同的阶段和特征建构起系统化的培训提升体系，以系统化、流程化的培训机制为青年人才的持续深化学习、开扩眼界、拓展思维提供载体和机会。

第二，构建青年人才的使用体系。青年人才能力提升的目标在于使其所学所得，转化为岗位所需。岗位的实践应用同时也是提升青年人才能力的最重要平台。用人主体可以根据青年人才的学历专业背景、年龄层次、能力特征、个人特质等，为青年人才设置梯度的岗位匹配体系，将合适的人放到合适的岗位上，既实现聚天下英才，又确保才尽其用，并在用的过程中进一步锻炼提升青年人才能力。

第三，构建青年人才专项培养体系。青年人才是国家和社会发展的重要力量，在各行各业中具有举足轻重的作用。为更好地推进青年人才能力提升，既需要国家层面对青年人才培养的整体架构，也需要各个用人主体对青年人才的系统化培养。一方面，继续完善国家层面对青年人才培养的专项规划。国家层面制定的人才强国和创新驱动的发展战略，出台了《中长期青年发展规划（2016—2025 年）》《国家中长期人才发展规划纲要 2010—2020 年》，为青年人才培养体系的构建提供了宏观指导。然而，青年人才发展治理面临的形势变化迅速，有必要结合国内国际经济社会发展变化，对战略和规划的具体内容进行补充调整，确保战略引领的时效性和前瞻性。另一方面，各个地方、行业主管部门和用人主体可以在国家对青年人才专项支持的基础上，根据本领域青年人才的特征、结构、层次，结合自身的需要，以体系化的架构形成青年人才的专项支持方案，为青年人才提供专项支持。

二　构建青年人才评价激励体系

科学合理公平的青年人才评价激励体系是保障青年人才发展的重要支撑。第一，构建青年人才及其治理成效的评价体系。由于青年人才涉及多个行业、多个领域，不同行业、不同领域具有不同的行业特征，因此青年人才评价体系的构建应当在政府相关部门的主导下，根据行业特征和青年人才发展规律，以促进人才发展和人才作用发挥为目标，制定由相应评价主体、评价标准、评价流程等构成的评价体系。以高校青年人才评价为例，在人才发展治理的框架下，应当以人才评价促进学术产出，识别并保留学术效率更高的青年人才；以多元化的人才评价策略，构建起符合实际的新旧人才评价体系；同时打破人才评价中唯论文、唯头衔、唯项目等路径依赖，回应大学内外部治理的真实关切。同时通过健全评价设计，调整治理关系；改进评价偏好，优化治理过程；拓展评价视角，深化治理变革等方式，构建起符合高校青年人才发展实际的人才评价体系。[①] 同时，要避免对人才评价的绝对化，可以探索青年人才发展潜力的评估机制，强化对具有“一超多能”特点等怪才，具有发展潜力，短期却成果较少的人才的包容。值得注意的是，除了对人才本身进行评价以外，还需要从人才投入、人才产出、人才环境建设等方面构建起青年人才发展治理成效的评价体系，为国家、地方和用人主体青年人才发展治理策略调整提供参考。

第二，构建青年人才发展的激励体系。在评价的基础上，建构相应的激励体系是发挥评价作用的必然要求。以高校青年人才为例，在人才评价的基础上建立健全职称职务晋升、绩效分配、岗位聘用等激励体系，对于确保青年人才始终保持积极上进，创新创造的热情不可或缺。通过开展青年人才聘用的深化改革，运用准聘制、长聘制等方式的结合，通过保障学术自由，提供具有竞争力的薪酬及相应的岗位任务，为青年人才发展提供明确的导向，激发青年人才创新热情，推动青年人才教学科研能力提升。

三　构建青年人才配套制度体系

完善的人才配套保障是青年人才安心发展、提升能力的必要支撑。在人才总是向更好发展前景、更好公共服务、更好待遇保障地方流动的

① 范冬清、李家新：《“新轨制”青年人才评价与地方高水平大学治理》，《湖北社会科学》2021 年第 9 期。

规律作用下，要增强对青年人才的吸纳能力，特别是具有创新潜力和能力青年人才的吸引力，必须不断完善青年人才的配套体系。第一，在公共服务配套方面向青年人才适当倾斜。在市场经济环境下，青年人才需要自己面对住房、家人就医、孩子就学等方面的问题，地方人才管理部门和用人主体可以根据青年人才的类别、层次，给予青年人才相应的安家补助，协助解决子女就学、配偶工作等公共服务配套支持，可以为青年人才更好地进入岗位角色，提升能力解决后顾之忧。特别是对于急需紧缺的创新型高层次人才，强化对其的服务保障配套，对于留住人才、用好人才，增强区域人才竞争力更是不可或缺。

第二，在发展配套方面，给予青年人才必要的支持。青年人才发展总体来说都需要一定的周期，刚进入工作岗位的青年人才往往处于发展的起步阶段，发展资源相对匮乏。给予青年人才发展配套支持，对于尽快推动青年人才成长，促进其能力提升具有重要意义。以高校青年人才为例，新进入工作岗位的青年人才往往教学科研支持资源匮乏，通过构建分类别、分层次地给予青年人才相应的科研经费支持，引导青年人才进入相应的科研平台，导师一对一帮带等机制，可以更好地为青年人才创新发展提供助力。

行之有效的制度体系是青年人才发展的基础支撑。青年人才发展既需要着眼长远，以长期的战略引领发展方向，又需要立足当下，以近期的规划明确发展路径，还需要落到实处，以具体的制度为人才发展治理实践提供具有可行性的规制。第一，完善青年人才发展的长远战略，发挥战略引领作用。国家层面的人才强国和创新驱动发展战略为以创新能力为导向的青年人才发展治理提供了方向。然而，面对复杂多变的国内国际形势，在已有战略的框架内进一步完善和修订青年人才发展长远战略的具体内容仍然具有必要性。第二，完善青年人才发展的近期规划，发挥规划指导功能。国家层面的《全国人才队伍建设规划纲要》《中长期青年发展规划（2016—2025）》等为青年人才发展治理提供了更为具体的指导，各个地方可以根据国家的战略和规划，结合地方实际制定相应的规划，为青年人才发展治理提供进一步的指导。第三，完善青年人才发展的具体制度，发挥制度的刚性约束效用。

在战略和规划的框架下，进一步将相关内容细化为具有可操作性、约束性的制度规范，能够将制度效用转换为人才治理实践的实效。例如，针对不同行业青年人才的特征和发展规律，制定相应的人才开发制度、评价制度、激励制度，进而发挥制度在引领治理实践，激发青年人才创新创造中的积极作用。

四 构建青年人才创新能力提升体系

青年人才创新能力培养不是一朝一夕之事，而是需要以体系化的方式抓早抓小、持续用力。创新能力培养是青年人才发展治理的拓展和深化，是青年人才发展治理的更高层级。在青年人才发展治理基础体系的条件下，针对青年人才创新能力培养构建相应体系仍然具有必要性。

第一，构建创新型人才的发现、培养、使用、激励体系。创新型人才是青年人才中的稀缺重要资源。针对创新型人才的发现、培养、激励，可以构建一套专门的体系，为创新型青年人才能力的进一步提升，发挥创新型人才在经济社会中的积极作用提供保障。第二，完善和拓展专项的青年人才创新支持计划。在继续实施和完善好国家和行业部门已有青年人才创新支持计划的前提下，可以针对国家和社会发展的需要，特别是关键重要科技前沿领域进行专项计划支持和专门培养，专门培育这些领域的创新型青年人才队伍。第三，对于青年人才创新实践活动给予必要支持和包容。创新是具有探索性和风险性的实践，对于青年人才的创新活动既要给予支持，也要给予包容，最大限度地营造青年人才良好创新环境，为青年人才勇于创新、主动创新提供必要保障。

解决青年人才发展的普遍困境，可以为青年人才创新能力培养提供坚实基础。根据青年人才发展面临的集中性、普遍性问题，从人才发展生态、人才发展需要、人才发展观、增强人才创新能力方面进行优化突破，有利于为青年人才创新提供基础支撑。以在行动上遵循客观规律，在价值上坚持正确的导向，在策略上坚持协同治理和综合施治，在分配上保障合理利益为基本原则，寻找青年人才发展治理的基本路径，以系统治理、综合治理、源头治理的思维构建青年人才治理体系，可以为青年人才治理，特别是创新能力培养提供参考。与此同时，人才治理具有复杂性和长期性，需要在具体的情境中加以考量。如何从理论和实践的双重维度，更好地寻找青年人才发展的治理路径，依旧值得深入考究和探讨。

参考文献

经典著作或典籍

《论语》，中华书局2006年版。

（清）郭庆藩：《庄子集释》，中华书局1961年点校本。

《邓小平文选》第3卷，人民出版社1993年版。

《邓小平文选》第2卷，人民出版社1994年版。

《江泽民文选》第3卷，人民出版社2006年版。

《马克思恩格斯全集》第42卷，人民出版社1979年版。

《马克思恩格斯选集》第1卷，人民出版社2012年版。

《马克思恩格斯选集》第2卷，人民出版社2012年版。

《马克思恩格斯选集》第3卷，人民出版社2012年版。

《习近平谈治国理政》（第一卷），外文出版社2018年版。

《习近平谈治国理政》（第三卷），外文出版社2020年版。

中文著作

《国家中长期教育改革和发展规划纲要（2010—2020年）》，人民出版社2010年版。

《马克思主义基本原理》，高等教育出版社2021年版。

《粤港澳大湾区发展规划纲要》，人民出版社2019年版。

《中共中央关于制定国民经济和社会发展第十四个五年规划和二〇三五年远景目标的建议》，人民出版社2020年版。

曹杰、蒋莹等：《创新型人才成长规律研究》，科学出版社2018年版。

邓磊、杨甜：《高等教育历史转型的中外比较研究》，重庆大学出版社

2020版。
谷丽：《创新人才需求与开发的模型及应用研究》，科学出版社2015年版。
郭庆松：《人才发展——突出问题及对策研究》，人民出版社2018年版。
郭跃文、刘伟、任志宏：粤港澳大湾区建设报告（2020—2021），社会科学文献出版社2021年版。
郭有遹：《创造心理学》，教育科学出版社2002年版。
国务院发展研究中心：《面向未来的创新型人才发展：制度与政策》，中国发展出版社2018年版。
贺淑曼等编著：《健康心理与人才发展》，世界图书出版公司1999年版。
胡乔木主编：《中国大百科全书·教育》，中国大百科全书出版社1985年版。
黄希庭、郑涌：《心理学导论》，人民教育出版社2015年版。
金铮：《科举制度与中国文化》，上海人民出版社1990年版。
林崇德等：《创新人才与教育创新研究》，经济科学出版社2009年版。
鲁兴启：《基于创新驱动的创新型人才素质及培养研究》，浙江大学出版社2020年版。
罗洪铁：《人才学原理》，人民出版社2013年版。
孟慧：《人事心理学》，上海社会科学院出版社2009年版。
潘连柏、伍娜：《管理学原理》，人民邮电出版社2013年版。
齐秀生：《社会环境与人才》，齐鲁书社2005年版。
孙锐等：《人才创新创业生态系统案例研究》，中国社会科学出版社2020年版。
王辉耀：《国际人才竞争战略》，党建文献出版社2014年版。
王辉耀：《著名专家论人才创新——中国人才50人论坛文集》，中国人事出版社2018年版。
王通讯：《人才学通论》，转引自齐秀生著、中国人才研究会编《选贤用才》，党建读物出版社2016年版。
吴江：《建设世界人才强国》，党建读物出版社2017年版。
杨朝明、宋立林主编：《孔子家语通解》，齐鲁书社2009年版。

姚宇编著:《从实证主义到实用主义的社会分析》，中国经济出版社 2019 年版。

余伟:《创新能力培养与应用教程》，航空工业出版社 2004 年版。

中共中央文献研究室编:《十五大以来重要文献选编》(上)，人民出版社 2000 年版。

中共中央文献研究室编:《十八大以来重要文献选编》(上)，中央文献出版社 2014 年版。

中共中央文献研究室编:《习近平关于科技创新论述摘编》，中央文献出版社 2016 年版。

中共中央党史和文献研究院:《十九大以来重要文献选编》(上)，中央文献出版社 2019 年版。

中共中央组织部人才工作局编:《百名专家谈人才》，党建读物出版社 2012 年版。

中关村科技园区管理委员会:《中关村年鉴(2020)》，北京出版社 2020 年版。

中国人才创新创业优质生态圈评估研究课题组:《中国人才创新创业优质生态圈发展报告 2020：京沪杭及粤港澳大湾区》，中国社会科学出版社 2020 年版。

中文期刊

白圣豪:《论健康心理与现代人才素质的关系》，《中国成人教育》2013 年第 23 期。

蔡秀萍:《向改革要动力　用改革增活力》，《中国人才》2022 年第 1 期。

车如山、季红波:《应用型创新人才之概念解析》，《高校教育管理》2015 年第 1 期。

陈杰、刘佐菁、苏榕:《粤港澳大湾区人才协同发展机制研究——基于粤港澳人才合作示范区的经验推广》，《科技管理研究》2019 年第 4 期。

陈书洁:《合作治理中社会组织吸纳专业人才的制度环境与路径分化》，《中国行政管理》2016 年第 9 期。

陈晓暾、葛雅利：《职业成长研究述评与展望》，《领导科学》2019 年第 22 期。

陈泽龙：《试析创新型人才的素质结构》，《中州大学学报》2008 年第 1 期。

丛亚丽：《基因编辑婴儿事件制度层面的反思》，《医学与哲学》2019 年第 2 期。

邓希泉：《习近平青年发展观研究》，《中国青年研究》2017 年第 6 期。

段晓红、张国民：《简论创新人才及品质特征》，《山西农业大学学报》（社会科学版）2004 年第 3 期。

范冬清、李家新：《“新轨制”青年人才评价与地方高水平大学治理》，《湖北社会科学》2021 年第 9 期。

房广顺、李若晴、李作章：《欧盟高等教育治理现代化：发展历程、政策逻辑与实践表征》，《现代教育管理》2021 年第 10 期。

房国忠、王晓钧：《基于人格特质的创新型人才素质模型分析》，《东北师大学报》（哲学社会科学版）2007 年第 3 期。

顾建平、陈鹏，李建强：《大德科技园区德发展及其推动技术转移的启示》，《中国高校科技》2014 年第 6 期。

关成尧、白相东等：《我国科技创新人才缺乏的症结探析》，《武汉理工大学学报》（社会科学版）2016 年第 1 期。

郭怡萍、李光举：《青年人才在创新驱动发展战略中的特殊作用》，《现代商业》2015 年第 14 期。

韩玮、张吉良：《高技能人才成长规律透视》，《中国成人教育》2007 年第 20 期。

何土凤、刘俊彦：《中国青年人才发展状况研究报告》，《中国青年研究》2018 年第 11 期。

黄东梅：《青年人力资源闲置现象分析》，《中国青年研究》2005 年第 7 期。

黄锦明：《以色列经济发展奇迹探秘》，《生产力研究》2009 年第 2 期。

黄文伟、贺蓓蓓：《现代学徒制典型性问题的分析与破解——基于广东现代学徒制标准研制的实践视角》，《职教论坛》2017 年第 4 期。

黄亚婷:《竞技与发表:高校青年引进人才科研生产力的影响因素研究》,《国家教育行政学院学报》2021 年第 2 期。

黄志坚:《人力资源开发与青年成才》,《中国青年政治学院学报》2002 年第 2 期。

纪光欣、岳琳琳:《德鲁克社会创新思想及其价值探析》,《外国经济与管理》2012 年第 9 期。

姜永禧:《从马克思论人的全面发展看人才的发展》,《人才资源开发》2013 年第 12 期。

蒋观丽、文少保:《世界一流教育智库人才配置与管理机制研究——美国的经验与启示》,《高教探索》2021 年第 11 期。

勒川:《“中关村指数 2021”发布,中关村示范区硬核引领》,《中关村》2022 年第 1 期。

冷余生:《论创新人才培养的意义与条件》,《高等教育研究》2000 年第 1 期。

黎陆昕:《关于青年人力资源开发的思考》,《山东省青年管理干部学院学报》2003 年第 5 期。

李佳:《高校教师科研认同困境的三维探究》,《教育学术月刊》2021 年第 5 期。

李金蓉:《消费主义与资本主义文明》,《当代思潮》2003 年第 1 期。

李敏、刘明星:《在人才工作中坚持以人为本》,《理论探索》2009 年第 2 期。

李其荣、倪志荣:《当今世界人才争夺战的最大赢家——美国人才引进战略及对我国的启示》,《人民论坛·学术前沿》2012 年第 8 期。

李世兰:《广州打造粤港澳大湾区人才高地的思考》,《探求》2021 年第 6 期。

李松龄、罗进华:《论使用价值的实现》,《经济问题》2001 年第 10 期。

李卫东、刘洪等:《企业研发人员工作激励研究述评》,《外国经济与管理》2008 年第 11 期。

李伟:《创新动机对研究生创新行为影响的实证研究》,《教育理论与实践》2012 年第 9 期。

李迅：《教育、就业、创业与青年人才培养：现状与发展趋势》，《中国青年研究》2018 年第 7 期。

李亚员：《创新人才成长规律：一个学术史的考察》，《国家教育行政学院学报》2016 年第 7 期。

梁拴荣、贾宏燕：《创新型人才概念内涵新探》，《生产力研究》2011 年第 10 期。

廖伏树：《新时代我国人才管理改革试验区的发展路径》，《中国人才》2021 年第 9 期。

刘海飞：《习近平关于人才工作重要论述的核心要义》，《党的文献》2019 年第 1 期。

刘瑞波、边志强：《科技人才社会生态环境评价体系研究》，《中国人口·资源与环境》2014 年第 7 期。

刘忠艳：《创新驱动发展背景下的政府人才治理：内涵、发展困境及应对策略》，《中国人力资源开发》2016 年第 17 期。

卢黎歌、李英豪：《习近平人才思想及其价值意蕴研究》，《思想教育研究》2018 年第 1 期。

潘颖雯、万迪昉：《研发的不确定性与研发人员激励契约的设计研究》，《科学学与科学技术管理》2007 年第 8 期。

彭梅芬：《自我教育与创新人才培养》，《广西大学学报》（哲学社会科学版）2001 年第 3 期。

蒲冠州、马志霞：《略论习近平青年人才思想及指导意义》，《思想理论教育导刊》2016 年第 12 期。

齐秀生：《浅议社会环境与人才》，《中国行政管理》2005 年第 10 期。

任欢欢等《省属高校高层次人才工作选择影响因素研究——基于 21 个案例的清晰集定性比较分析》，《高教探索》2021 年第 8 期。

任瑞升、黄维：《论人才发展与国家治理现代化的逻辑理路及实践路径》，《人文杂志》2021 年第 12 期。

邵进：《创新创业教育的两个切入点：创新能力与跨界能力培养——南京大学的思考、探索与实践》，《中国大学教学》2016 年第 12 期。

史泽源、荆蕙兰：《试析习近平关于人才工作的重要论述及其指导意义》,《思想理论教育导刊》2019 年第 6 期。

宋来、王维军:《世界一流工科高校创业教育课程建设的经验与启示》,《云南民族大学学报》(哲学社会科学版)2020 年第 5 期。

宋美丽、孙健:《国外人才集聚模式的经验及对我国的启示》,《经济纵横》2010 年第 2 期。

宋敏:《创新型政府:中美创新政策的比较研究》,《北京工商大学学报》(社会科学版)2021 年第 36 期。

苏屹、王文静:《负责任创新:研究述评与展望》,《科研管理》2021 年第 11 期。

眭依凡:《大学:如何培养创新型人才——兼谈美国著名大学的成功经验》,《中国高教研究》2006 年第 12 期。

孙殿超、刘毅:《优化粤港澳大湾区科技创新人才评价体系的对策分析》,《中国科技人才》2021 年第 6 期。

孙建立:《把握人才发展规律　推动人才工作科学发展》,《中国人才》2013 年第 17 期。

孙锐:《创新驱动背景下新时代人才发展治理体系构建问题研究》,《中国行政管理》2020 年第 7 期。

孙锐:《薪酬、授权、培训、职业发展与组织创新关系研究》,《科研管理》2010 年第 2 期。

孙锐、吴江:《构建高质量发展阶段的人才发展治理体系:新需求与新思路》,《理论探讨》2021 年第 4 期。

孙锐、吴江:《创新驱动背景下新时代人才发展治理体系构建问题研究》,《中国行政管理》2020 第 7 期。

孙锐、赵全军:《中关村:打造国家人才政策创新高地》,《中国人才》2015 年第 21 期。

唐斌、罗洪铁:《习近平人才思想研究》,《探索》2015 年第 3 期。

佟新、高笑楠:《女性高层次人才成长规律与发展对策研究》,《妇女研究论丛》2011 年第 2 期。

汪秀婷、胡树华:《国家创新系统的人才结构优化战略初探》,《科学学与科学技术管理》2003 年第 3 期。

汪怿：《“人才驱动创新”时代到来》，《劳动保障》2015 年第 2 期。

王娇、刘晓明：《教师的低职业认同感救赎与生命意义重建》，《教育理论与实践》2017 年第 28 期。

王金花：《德国高层次科技人才开发政策和措施》，《全球科技经济瞭望》2018 年第 7 期。

王静：《栽下梧桐树　引得凤凰来——中科院物理所创新文化体系的活力与动力》，《科学新闻》2002 年第 10 期。

王生林：《中科院物理所　凝炼科研目标　建设创新队伍》，《科学新闻》2000 年第 34 期。

王亚斌：《创新型人才特质与评价维度研究》，《科技管理研究》2009 年第 11 期。

魏江、李拓宇、赵雨菡：《创新驱动发展的总体格局、现实困境与政策走向》，《中国软科学》2015 年第 5 期。

武博：《中国人才资源流动的组织选择研究》，《软科学》2005 年第 6 期。

习近平：《发展是第一要务，人才是第一资源，创新是第一动力》，《科协论坛》2018 年第 3 期。

习近平：《努力成为世界主要科学中心和创新高地》，《求是》2021 年第 6 期。

萧鸣政、张湘姝：《加快推进粤港澳大湾区人才高地建设》，《中国人才》2021 年第 8 期。

谢鹏：《硅谷吸引人才的主要因素》，《中国人才》2021 年第 9 期。

徐军海：《创新驱动视角下江苏科技人才发展趋向和路径研究》，《江苏社会科学》2021 年第 3 期。

徐军海：《构建现代人才发展治理体系的逻辑与路径：基于“主体—要素—过程”分析框架》，《江海学刊》2020 年第 3 期。

薛澜、张帆等：《国家治理体系与治理能力研究：回顾与前瞻》，《公共管理学报》2015 年第 12 期。

杨元魁：《创新能力发展的脑机制及其对 STEM 教育的启示》，《中国科技教育》2019 年第 1 期。

杨月坤、查娜：《国外科技人才评价经验的启示与借鉴——给予英国、美国、德国的研究》，《科学管理研究》2020 年第 1 期。

于翔、赵晓晨：《马克思的人才思想及其现实指向》，《新疆社会科学》2017 年第 2 期。

曾燕波：《新经济条件下的中国青年人力资源开发》，《中国青年研究》2003 年第 4 期。

张凤海、徐丽娜、侯铁珊：《关于技术创新概念界定的探讨》，《生产力研究》2010 年第 3 期。

张景焕、金盛华：《具有创造成就的科学家关于创造的概念结构》，《心理学报》2007 年第 1 期。

张日新、谷卓桐：《粤港澳大湾区的来龙去脉与下一步》，《改革》2017 年第 5 期。

张伟成：《从〈资本论〉看“劳动存在论”——兼论马克思“劳动存在论”的当代价值》，《劳动哲学研究》2021 年，第 4 辑。

张武升：《关于创新规律与创新人才培养的探讨》，《教育学报》2006 年第 4 期。

赵超：《推进粤港澳大湾区科技人才队伍建设》，《中国人才》2021 年第 6 期。

赵艳春：《论创新型劳动在价值创造中的作用》，《经济研究导刊》2009 年第 8 期。

中共南京大学委员会宣传部：《百年南大　世纪辉煌》，《求是》2002 年第 10 期。

周洪宇、付睿：《美国大学教育智库共同体的特点及启示——以美国教育政策研究联盟（CPRE）为例》，《全球教育展望》2017 年第 1 期。

中文报纸

《关于深化人才发展体制机制改革的意见》，《人民日报》2016 年 3 月 22 日第 1 版。

《中长期青年发展规划（2016—2025 年）》，《人民日报》2017 年 4 月 14 日第 1 版。

陈希：《必须抓好后继有人这个根本大计》，《人民日报》2021 年 12 月 1 日第 6 版。

陶庆华：《铺设青年人才成长之路》，《中国组织人事报》2016 年 5 月 9 日第 6 版。

吴晶晶：《“百人计划”第一人，带出一流研究所》，《新华每日电讯》2009 年 1 月 19 日第 7 版。

吴江：《以人才治理现代化夯实国家治理现代化基石》，《光明日报》2019 年 12 月 8 日第 7 版。

吴月辉：《健全科学评价考核机制　保障人才潜心科研——中国科学院物理研究所全力为人才发展做好服务保障》，《人民日报》2021 年 11 月 22 日第 19 版。

习近平：《建设一支宏大高素质干部队伍，确保党始终成为坚强领导核心》，《人民日报》2013 年 6 月 30 日第 1 版。

习近平：《就深化人才发展体制机制改革作出重要指示强调：加大改革落实工作力度　让人才创新创造活力充分迸发》，《人民日报》2016 年 5 月 7 日第 1 版。

习近平：《青年要自觉践行社会主义核心价值观》，《人民日报》2014 年 5 月 5 日第 2 版。

习近平：《实施创新驱动发展战略　加快推动经济发展方式转变》，《人民日报》2014 年 8 月 19 日第 1 版。

习近平：《习近平在同各界优秀青年代表座谈时的讲话》，《人民日报》2013 年 5 月 5 日第 2 版。

习近平：《习近平致 2013 年全球创业周中国站活动组委会的贺信》，《人民日报》2013 年 11 月 9 日第 1 版。

习近平：《在中央人才工作会议上的讲话》，《人民日报》2021 年 9 月 29 日第 1 版。

习近平：《中共中央关于党的百年奋斗重大成就和历史经验的决议》，《人民日报》2021 年 11 月 17 日第 1 版。

周兴江：《改革经费管理　为科研人员松绑》，《人民日报》2010 年 10 月 15 日第 20 版。

中文论文

冯超：《习近平新时代人才观研究》，博士学位论文，东北师范大学，2021 年。

廖志豪：《基于素质模型的高校创新型科技人才培养研究》，博士学位论文，华东师范大学，2012 年。

王晓辉：《一流大学个性化人才培养模式研究》，博士学位论文，华中师范大学，2014 年。

赵晓春：《跨学科研究与科研创新能力建设》，博士学位论文，中国科学技术大学，2007 年。

中译著作

[德] 库尔特·勒温：《人格动力理论》，王思明、叶鸣铉译，北京理工大学出版社 2014 年版。

[美] Jerry. M. Burger：《人格心理学》，陈会昌等译，中国轻工业出版社 2021 年版。

[美] 约瑟夫·熊彼特：《经济发展理论》，何畏、易家详等译，商务印书馆 2017 年版。

外文著作

Hirst, P. , "Democracy through Associations", Pierre, eds. , *Debating Governance.* New York: Oxford University Press, 2000.

Salmon, Catherine A. and Katrin Schumann, *The Secret Power of Middle Children: How Middleborns Can Harness Their Unexpected and Remarkable Abilities*, New York: Hudson Street Press, 2011.

Schumpeter J. A. , *Business cycles*, New York: Mcgraw-hill, 1939.

WIPO, *Global Innovation Index* 2021: *Tracking Innovation through the COVID – 19 Crisis*, Geneva: World Intellectual Property Organization, September 20, 2021.

外文期刊

Crossan & Apydi, "A multi-dimensional framework of organizational innovation: A systematic review of the literature", *Journal of Management Studies*, Vol. 47, No. 6, 2010.

Haner, U., "Innovation quality — a conceptual framework", *International journal of production economics*, Vol. 80, No. 1, 2002.

James J. Lee et al., "Gene discovery and polygenic prediction from a genome-wide association study of educational attainment in 1. 1 million individuals", *Nature Genetics*, DOI: 10. 1038/s41588 - 018 - 0147 - 3, July 2018.

Jason L Stein et al., "Identification of common variants associated with human hippocampal and intracranial volumes", *Nature Genetis*, DOI: 10. 1038/ng. 2250, April 2012.

Jeanne E. Savage et al., "Genome-wide association meta-analysis in 269, 867 individuals identifies new genetic and functional links to intelligence", *Nature Genetics*, DOI: 10. 1038/s41588 - 018 - 0152 - 6, June 2018.

Jiska S. Peper et al., "Genetic influences on human brain structure: A review of brain imaging studies in twins", *Human Brain Mapping*, DOI: 10. 1002/hbm. 20398, April 2007.

Kirchknopf, Sebastian, "Career Adaptability and Vocational Identity of Commercial Apprentices in the German Dual System", *Vocations and Learning*, Vol. 13, No. 1, 2020.

Lisa Tsui, "Courses and Instruction Affecting Critical Thinking", *Research in Higher Education*, Vol. 40, No. 2, 1999.

McCormack, Ann, Jennifer Gore, Kaye Thomas, "Early Career Teacher Professional Learning", *Asia-Pacific Journal of Teacher Education*, Vol. 34, No. 1, 2006.

N Burgess et al., "The human hippocampus and spatial and episodic memory", *Neuron*, Vol. 35 No. 4 August 2002.

Rohdes, R., "The New Governance: Governing without Government?", *political Studies*, Vol. 44, No. 4, 1996.

Stoker, G. , "Public Value Management: A New Narrative for Networked Governance?" *American Review of Public Administration*, Vol. 36, No. 1, 2006.

Tinca J. C. Polderman et al. , "Meta-analysis of the heritability of human traits based on fifty years of twin studies", *Nature Genetics*, DOI: 10. 1038/ng. 3285, May 2015.

Trannoy, Alain, "Talent, equality of opportunity and optimal non-linear income tax", *The Journal of Economic Inequality*, Vol. 17, No. 1, 2019.

后　　记

本书是依托国家社会科学基金重大项目“构建具有全球竞争力的人才制度体系研究”开展研究取得的阶段性成果。

回首过往，我在高校的工作岗位始终与青年或人才相关，从人文与社会与社会科学学院任辅导员开始，此后历经党委办公室、党委组织部、物理科学与技术学院、人事处等多岗位的锤炼，尤其是2014年以来更是直接在一线从事教师队伍建设和人才工作，这一切让我在实践中不断提升对青年人才发展的思考。

2020年，我有机会参与到吴江教授主持的国家社会基金重大项目“构建具有全球竞争力的人才制度体系研究”之中，并主持子课题“以创新能力为导向的青年人才发展治理研究”。随着对子课题研究的不断深入，我从平时的工作实践感知开始逐步学会将理论与实践相结合，通过参加的项目各课题组的专题会议以及各种讨论，对人才、人才发展、人才发展治理以至于人才学有了更加系统地认识与思考。在这一过程中，通过广泛学习研究各种资料文献、参加各类学术研讨会议、与相关专家学者交流、同一线从事人才工作的同事探讨，我逐步萌生了撰写一本关于青年人才发展治理著述的念头，也希望通过此举不断探索青年人才发展的内在规律。

本书从选题的总体设计、谋篇布局、专项研讨、反复修改与统稿等方面获得了很多人的帮助，在此一并叩谢。本书撰写主笔刘长军，参与写作的还有谢瑜、谢熠。由于受作者学识与能力所限，书中的观点与提法等难免有不当之处，还请学界专家学者不吝赐教。

刘长军

2022年8月23日